适合基础薄弱考生使用

概率论与数理统计
通关习题册
(试 题 册)

主编 ◎ 李畅通
副主编 ◎ 李娜 王唯良 车彩丽

图书在版编目(CIP)数据

概率论与数理统计通关习题册 / 李畅通主编. --西安：西安交通大学出版社，2025.1. -- ISBN 978-7-5693-3886-7

Ⅰ. O21

中国国家版本馆 CIP 数据核字第 2024G44U21 号

书　　名　概率论与数理统计通关习题册
　　　　　　GAILÜLUN YU SHULI TONGJI TONGGUAN XITI CE
主　　编　李畅通
策划编辑　祝翠华
责任编辑　赵化冰
责任校对　韦鸽鸽
封面设计　吕嘉良

出版发行　西安交通大学出版社
　　　　　　(西安市兴庆南路 1 号　邮政编码 710048)
网　　址　http://www.xjtupress.com
电　　话　(029)82668357　82667874(市场营销中心)
　　　　　　(029)82668315(总编办)
传　　真　(029)82668280
印　　刷　西安明瑞印务有限公司

开　　本　787 mm×1092 mm　1/16　**印张**　13.5　**字数**　285 千字
版次印次　2025 年 1 月第 1 版　2025 年 1 月第 1 次印刷
书　　号　ISBN 978-7-5693-3886-7
定　　价　89.80 元

如发现印装质量问题，请与本社市场营销中心联系。
订购热线：(029)82665248　(029)85667874
投稿热线：(029)82665249
读者信箱：2773567125@qq.com

前言
Foreword

全国硕士研究生招生考试数学考试是为高等院校和科研院所招收工学、经济学、管理学硕士研究生而设置的考试科目，要求考生比较系统地理解数学的基本概念和基本理论，掌握数学的基本方法，具备抽象思维能力、逻辑推理能力、空间想象能力、运算能力和综合运用所学知识分析问题和解决问题的能力。根据工学、经济学、管理学各学科和专业对硕士研究生入学所应具备的数学知识和能力的不同要求，硕士研究生招生考试数学试卷分为数学(一)、数学(二)和数学(三)3 种，各卷种满分均为 150 分，其中数学(一)和数学(三)的考试内容包括高等数学、线性代数和概率论与数理统计，数学(二)的考试内容仅为高等数学和线性代数，概率论与数理统计因其内容广泛、理论丰富、知识点间联系密切等特点，是考研数学的重点和难点，需要考生重点掌握。

《概率论与数理统计通关习题册》一书由编写团队依据数十年的考研辅导及阅卷经验，结合历年考研数学真题和必考知识点，汲取多本国内考研数学优秀图书之精华编写而成，本书具有以下特色。

第一，习题紧扣大纲。习题的编选对应最新考研数学大纲指定考点进行，本书以夯实基础为主，加入与考研真题难度相当的精编习题辅助，并配合少量难度较高的题目来打开考生的思路和眼界。习题的设置难易结合，重点突出，能够满足不同层次考生的需求。

第二，习题覆盖面广。作者精心挑选和编写了 600 多道高质量习题，从基础题到综合题难度分阶、层层递进，能够帮助考生快速掌握考研数学的知识点和命题思路，从而实现复习、巩固、提高三位一体。

第三，习题综合性强。本书着重阐述知识点的相互联系，重视基本理论的交叉应用和复杂运算能力的提高，循序渐进地帮助考生掌握解题技巧，从而提高考生解题的综合分析能力。

第四，习题解析详实。本书习题的解答均十分详细，对重要知识点进行了深入细致的剖析，一题多解，归纳总结拓宽思维，力求使考生能够最大程度掌握考研数学的重点和难点，并熟练运用解答客观题的方法与技巧。

一本好的考研辅导书能够帮助考生在复习的道路上披荆斩棘，达到事半功倍的效果，考生在做题时要勤思考、多对比，夯实基础，从而对考研数学的命题特点和规律有自己的见解，希望本书能为考生的复习备考带来帮助。

本书编写过程中，参考了大量国内同类优秀图书，谨向有关作者表示衷心的感谢。由于作者水平有限，书中疏漏、错误之处在所难免，恳请读者批评指正。

编　者

2024 年 11 月

目录
Contents

第一章　随机事件与概率

一、基础篇

1 若 A,B 为任意两个随机事件，则（　　）.

A. $P(AB)\leqslant P(A)P(B)$　　B. $P(AB)\geqslant P(A)P(B)$

C. $P(AB)\leqslant \frac{P(A)+P(B)}{2}$　　D. $P(AB)\geqslant \frac{P(A)+P(B)}{2}$

答题区

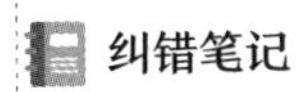
纠错笔记

2 设事件 A,B 互斥，则（　　）.

A. $P(\overline{A}\,\overline{B})=0$　　B. $P(AB)=P(A)P(B)$

C. $P(A)=1-P(B)$　　D. $P(\overline{A}\cup\overline{B})=1$

答题区

纠错笔记

3 设随机事件 A 与 B 相互独立，且 $P(B)=0.5$，$P(A-B)=0.3$，则 $P(B-A)=$（　　）.

A. 0.1　　B. 0.2　　C. 0.3　　D. 0.4

答题区

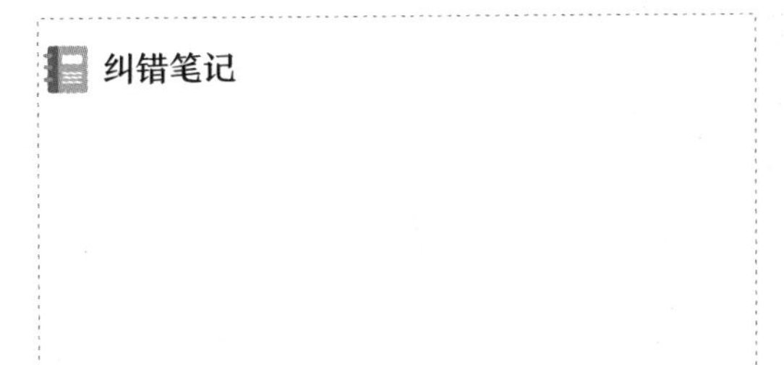
纠错笔记

4 某人向同一目标独立重复射击，每次射击命中目标的概率为 $p(0<p<1)$，则此人第 4 次射击时恰好是第 2 次命中目标的概率为（　　）.

A. $3p(1-p)^2$　　B. $6p(1-p)^2$

C. $3p^2(1-p)^2$　　D. $6p^2(1-p)^2$

答题区

纠错笔记

5 若事件 A,B 满足 $B-A=B$，则一定有（　　）.

A. $A=\varnothing$　　B. $A\cap B=\varnothing$　　C. $A\cap\overline{B}=\varnothing$　　D. $B=\overline{A}$

答题区

纠错笔记

6 设 A,B 是两个随机事件，则 $A-B$ 不等于（　　）.

A. $A\cap\overline{B}$　　B. $\overline{A}\cap B$　　C. $A-A\cap B$　　D. $(A\cup B)-B$

答题区

纠错笔记

7 对于任意两个事件 A 和 B，与 $A\cup B=B$ 不等价的是（　　）.

A. $A\subset B$　　B. $\overline{B}\subset\overline{A}$　　C. $\overline{AB}=\varnothing$　　D. $\overline{A}B=\varnothing$

答题区

纠错笔记

8 随机事件 A,B 互为对立事件等价于（　　）.

A. A,B 互不相容　　B. A,B 相互独立

C. A,B 构成样本空间的一个划分　　D. $A\cup B=S$

答题区

纠错笔记

9 以事件 A 表示“甲种产品畅销，乙种产品滞销”，则其对立事件 $\overline{A}$ 为（　　）.

A. “甲、乙两种产品均畅销”　　B. “甲种产品滞销，乙种产品畅销”

C. “甲种产品滞销”　　D. “甲种产品滞销，或乙种产品畅销”

答题区

纠错笔记

10 设 A,B 为两个随机事件，若 $P(AB)=0$，则下列命题正确的是（　　）.

A. A 和 B 对立　　B. AB 是不可能事件

C. AB 未必是不可能事件　　D. $P(A)=0$ 或 $P(B)=0$

答题区

纠错笔记

11 对任意事件 A,B，下面结论正确的是（　　）.

A. $P(AB)=0$，则 $AB=\varnothing$　　B. 若 $P(A\cup B)=1$，则 $A\cup B=S$

C. $P(A-B)=P(A)-P(B)$　　D. $P(A\cap\overline{B})=P(A)-P(AB)$

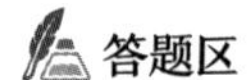

答题区

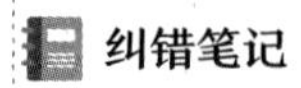

纠错笔记

12 设 A,B 是两个随机事件，且 $A\subset B$，则不能推出的结论是（　　）.

A. $P(A\cap B)=P(A)$　　B. $P(A\cup B)=P(B)$

C. $P(A\cap\overline{B})=P(A)-P(B)$　　D. $P(\overline{A}\cap B)=P(B)-P(A)$

答题区

纠错笔记

13 设事件 A 与事件 B 互不相容，则（　　）.

A. $P(\overline{A}\overline{B})=0$　　B. $P(AB)=P(A)P(B)$

C. $P(A)=1-P(B)$　　D. $P(\overline{A}\cup\overline{B})=1$

答题区

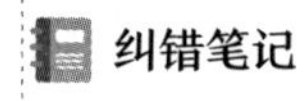

纠错笔记

14 已知事件 A,B 互不相容，$P(A)>0,P(B)>0$，则（　　）.

A. $P(A\cup B)=1$　　B. $P(A\cap B)=P(A)P(B)$

C. $P(A\cap B)=0$　　D. $P(A\cap B)>0$

答题区

纠错笔记

15 设 A,B 是两个随机事件，若 $P(A\cup B)=0.8,P(A)=0.2,P(\overline{B})=0.4$，则（　　）.

A. $P(\overline{A}\,\overline{B})=0.32$　　B. $P(\overline{A}\,\overline{B})=0.2$

C. $P(B-A)=0.4$　　D. $P(\overline{B}A)=0.48$

答题区

纠错笔记

16 已知事件 A,B,C 两两独立，且 $P(A)=P(B)=P(C)=\frac{1}{2}$，$P(ABC)=\frac{1}{5}$，则 $P(AB\overline{C})=$（　　）.

A. $\frac{1}{40}$　　B. $\frac{1}{20}$　　C. $\frac{1}{10}$　　D. $\frac{1}{4}$

答题区

纠错笔记

17 随意掷一颗骰子两次，则这两次出现的点数之和等于 8 的概率是（　　）.

A. $\frac{3}{36}$　　B. $\frac{4}{36}$　　C. $\frac{5}{36}$　　D. $\frac{2}{36}$

答题区

纠错笔记

18 设 A,B 为随机事件，且 $P(B)>0,P(A|B)=1$，则必有（　　）.

A. $P(A\cup B)>P(A)$　　B. $P(A\cup B)>P(B)$

C. $P(A\cup B)=P(A)$　　D. $P(A\cup B)=P(B)$

答题区

纠错笔记

19 设 A,B 是两个随机事件，$0<P(A)<1$，$0<P(B)<1$，且 $P(A|B)=P(A)$，则（　　）.

A. A,B 互不相容　　B. A,B 相互独立

C. $A\subset B$　　D. $A\supset B$

答题区

纠错笔记

20 设 A_1,A_2,A_3 为任意 3 个事件，以下结论中正确的是（　　）.

A. 若 A_1,A_2,A_3 相互独立，则 A_1,A_2,A_3 两两独立

B. 若 A_1,A_2,A_3 两两独立，则 A_1,A_2,A_3 相互独立

C. 若 $P(A_1A_2A_3)=P(A_1)P(A_2)P(A_3)$，则 A_1,A_2,A_3 相互独立

D. 若 A_1 与 A_2 独立、A_2 与 A_3 独立，则 A_1 与 A_3 独立

答题区

纠错笔记

21 已知事件 A 与 B 相互独立，且 $P(\overline{A})=0.5,P(\overline{B})=0.6$，则 $P(A\cup B)=$（　　）.

A. 0.9　　B. 0.7　　C. 0.1　　D. 0.2

答题区

纠错笔记

22 设 A,B,C 是随机事件，A,C 互不相容，$P(AB)=\frac{1}{2}$，$P(C)=\frac{1}{3}$，则 $P(AB\overline{C})=$______.

答题区

纠错笔记

23 袋中有 50 个乒乓球，其中 20 个是黄球，30 个是白球. 今有 2 人依次随机地从袋中各取 1 球，取后不放回，则第 2 个人取得黄球的概率是______.

答题区

纠错笔记

24 在区间 $(0,1)$ 中随机地取 2 个数，则这 2 个数之差的绝对值小于 $\frac{1}{2}$ 的概率为______.

答题区

纠错笔记

25 设两个相互独立的事件 A 和 B 都不发生的概率为 $\frac{1}{9}$，A 发生 B 不发生的概率与 B 发生 A 不发生的概率相等，则 $P(A)=$______.

答题区

纠错笔记

26 设两两相互独立的 3 个事件 A,B 和 C 满足条件：$ABC=\varnothing$，$P(A)=P(B)=P(C)<\frac{1}{2}$，且已知 $P(A\cup B\cup C)=\frac{9}{16}$，则 $P(A)=$________.

答题区

纠错笔记

27 设在 3 次独立试验中，事件 A 出现的概率相等. 若已知 A 至少出现一次的概率等于 $\frac{19}{27}$，则事件 A 在一次试验中出现的概率是________.

答题区

纠错笔记

28 设在一次实验中，事件 A 发生的概率为 p，现进行 n 次独立试验，则事件 A 至少发生一次的概率为________；事件 A 至多发生一次的概率为________.

答题区

纠错笔记

29 若 $P(A)=0.5$，$P(B)=0.4$，$P(A-B)=0.3$，则 $P(A\cup B)=$________.

答题区

纠错笔记

30 已知 A,B 两事件满足条件 $P(AB)=P(\overline{A}\overline{B})$，且 $P(A)=p$，则 $P(B)=$__________.

答题区

纠错笔记

31 将 C,C,E,E,I,N,S 等 7 个字母随机排成一行，那么，恰好排成英文单词 SCIENCE 的概率为__________.

答题区

纠错笔记

32 将红、黄、蓝 3 个球随机地放入 4 只盒子，若每只盒子容球数不限，则有 3 只盒子各放一球的概率是__________.

答题区

纠错笔记

33 随机地向半圆 $0<y<\sqrt{2ax-x^2}$（a 为常数）内掷一点，点落在半圆内任何区域的概率与该区域的面积成正比，则原点与该点的连线与 x 轴的夹角小于 $\frac{\pi}{4}$ 的概率为__________.

答题区

纠错笔记

34 已知事件 A 与 B 相互独立，A 与 C 互不相容，$P(A)=0.4$，$P(B)=0.3$，$P(C)=0.4$，$P(C|B)=0.2$,则 $P(C|A\cup B)=$ ______.

答题区

纠错笔记

35 已知事件 A,B,C,用 A,B,C 的运算关系表示下列事件.

(1) A 发生,B 与 C 不发生.

答题区

纠错笔记

(2) A,B 都发生,而 C 不发生.

答题区

纠错笔记

(3) A,B,C 中至少有一个发生.

答题区

纠错笔记

(4) A,B,C 都发生.

答题区

纠错笔记

(5)A,B,C 都不发生.

答题区

纠错笔记

(6)A,B,C 中不多于一个发生.

答题区

纠错笔记

(7)A,B,C 中不多于两个发生.

答题区

纠错笔记

(8)A,B,C 中至少有两个发生.

答题区

纠错笔记

36 已知事件 A,B 满足 $P(A)=0.6,P(B)=0.7$,求

(1)在什么条件下 $P(AB)$ 取到最大值,最大值是多少?

答题区

纠错笔记

（2）在什么条件下 $P(AB)$ 取到最小值，最小值是多少？

答题区

纠错笔记

37 已知事件 A,B,C 满足 $P(A)=P(B)=P(C)=\frac{1}{4}$，$P(AB)=P(BC)=0$，$P(AC)=\frac{1}{8}$，求 A,B,C 至少有一个发生的概率.

答题区

纠错笔记

38 房间里有 10 个人，分别佩戴着从 1 号到 10 号的纪念章，从中任意选 3 人记录其纪念章的号码.

（1）求最小的号码为 5 的概率.

答题区

纠错笔记

（2）求最大的号码为 5 的概率.

答题区

纠错笔记

39 某人午觉醒来,发觉表停了,他打开收音机,想要听电台报时,设电台每正点时报时一次,求该人等待时间短于 10 分钟的概率.

答题区

纠错笔记

40 掷 2 颗骰子,已知 2 颗骰子点数之和为 7,求其中有 1 颗为 1 点的概率(使用两种方法解答).

答题区

纠错笔记

41 设 10 件产品中有 3 件次品,7 件正品,现每次从中任取 1 件,取后不放回,试求下列事件的概率.

(1) 第 3 次取得次品.

答题区

纠错笔记

(2) 第 3 次才取得次品.

答题区

纠错笔记

（3）已知前 2 次没有取得次品，第 3 次取得次品.

答题区

纠错笔记

42 已知 $P(\overline{A})=\frac{3}{10}, P(B)=\frac{2}{5}, P(A\overline{B})=\frac{1}{2}$，求 $P(B|A\cup\overline{B})$.

答题区

纠错笔记

43 已知 $P(A)=\frac{1}{4}, P(B|A)=\frac{1}{3}, P(A|B)=\frac{1}{2}$，求 $P(A\cup B)$.

答题区

纠错笔记

44 设甲、乙 2 袋中均有 3 只白球 2 只红球，先从甲袋中任取 1 球放入乙袋中，再从乙袋中任取 1 球，求取得白球的概率.

答题区

纠错笔记

45 已知男人中有 5%是色盲患者，女人中有 0.25%是色盲患者．从男女人数相等的人群中随机地挑选一人，恰好是色盲患者，求此人是男性的概率．

答题区

纠错笔记

46 两台机床加工同样的零件，第一台出现废品的概率为 0.03，第二台出现废品的概率为 0.02，加工出来的零件放在一起，已知第一台加工的零件比第二台加工的零件多一倍，

(1)求任意取出的零件是合格品的概率．

答题区

纠错笔记

(2)若任意取出的零件经检测是废品，求它是由第二台机床加工的概率．

答题区

纠错笔记

47 已知 10 个晶体管中有 7 个正品及 3 个次品，每次任意抽取 1 个进行测试，测试后不再放回，直至把 3 个次品都找到为止，求需要测试 7 次的概率．

答题区

纠错笔记

48 在 1～2000 的整数中随机地取 1 个数，求取到的整数既不能被 6 整除，又不能被 8 整除的概率.

答题区

纠错笔记

49 某地区一工商银行的贷款范围内有甲、乙两家同类企业，设一年内甲申请贷款的概率为 0.15，乙申请贷款的概率为 0.2，在甲不向银行申请贷款的条件下，乙向银行申请贷款的概率为 0.23，求在乙不向银行申请贷款的条件下，甲向银行申请贷款的概率.

答题区

纠错笔记

50 设 10 件产品中有 4 件不合格品，从中任取 2 件，已知在所取的 2 件产品中至少有 1 件是不合格品，求另一件也是不合格品的概率.

答题区

纠错笔记

51 某种产品的商标为“MAXAM”，其中有两个字母脱落，有人捡起随意放回，求放回后仍为“MAXAM”的概率.

答题区

纠错笔记

52 商店销售一批电视机共 10 台，其中有 3 台次品，但是已经售出 2 台. 试求从剩下的电视机中，任取 1 台是正品的概率.

答题区

纠错笔记

53 玻璃杯成箱出售，每箱 20 只，假设各箱含 0,1,2 只残次品的概率分别为 0.8,0.1 和 0.1. 一顾客欲购买 1 箱玻璃杯，在购买时，售货员随意取 1 箱，而顾客开箱随机地查看 4 只，若无残次品，则买下该箱玻璃杯，否则退回. 试求：

(1) 顾客买下该箱玻璃杯的概率.

答题区

纠错笔记

(2) 在顾客买下的 1 箱中，没有残次品的概率.

答题区

纠错笔记

54 已知某城市下雨时间占一半，天气预报的准确率为 0.9，某人每天早上为下雨而烦恼，于是预报下雨他就带伞. 即便预报无雨，他也有一半时间带伞.

(1)求已知他没有带伞，却遇到下雨的概率.

答题区

纠错笔记

(2)求已知他带伞,但天不下雨的概率.

答题区

纠错笔记

55 有两箱同种类的零件,第一箱装 50 只,其中 10 只一等品;第二箱装 30 只,其中 18 只一等品,今从两箱中任挑一箱,然后从该箱中取 2 次做不放回抽样.求:

(1) 第一次取得零件是一等品的概率.

(2) 已知第一次取的零件是一等品,第二次取到的零件也是一等品的概率.

56 甲、乙、丙三部机床独立工作,且由一名工人照管,某段时间内它们不需要工人照管的概率分别为 0.9,0.8 和 0.85.分别求在这段时间内有机床需要工人照管的概率、机床因无人照管而停工的概率以及恰有一部机床需要工人照管的概率.

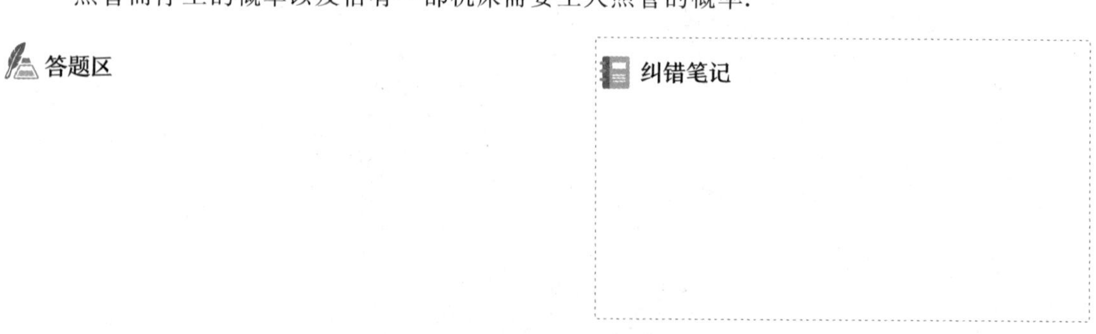

57 某大学生给 4 家单位各发了一份求职信，假定这些单位彼此独立工作，通知她去面试的概率分别为$\frac{1}{2}$，$\frac{1}{3}$，$\frac{1}{4}$，$\frac{1}{5}$. 求这个学生至少有 1 次面试机会的概率.

答题区

纠错笔记

58 设随机事件 A 和 B 满足 $P(A|B)+P(\overline{A}|\overline{B})=1$，证明：事件 A 和 B 相互独立.

答题区

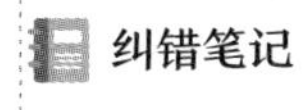

二、提高篇

1 将一枚硬币独立地掷两次，记事件 $A_1=\{$掷第一次出现正面$\}$，$A_2=\{$掷第二次出现正面$\}$，$A_3=\{$正、反面各出现一次$\}$，$A_4=\{$正面出现两次$\}$，则事件(　　).

A. A_1,A_2,A_3 相互独立　　B. A_2,A_3,A_4 相互独立

C. A_1,A_2,A_3 两两独立　　D. A_2,A_3,A_4 两两独立

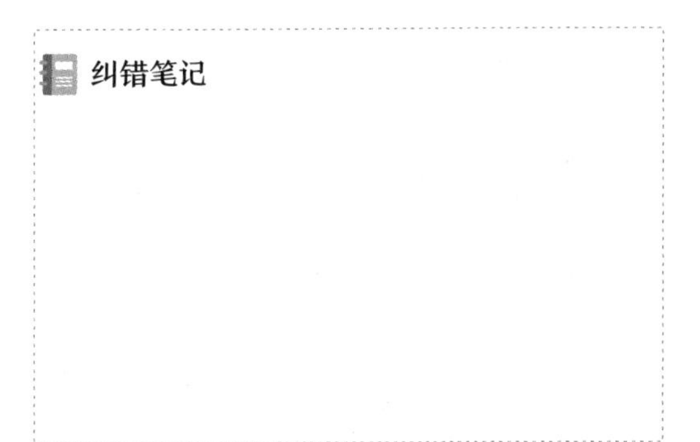

2 设 A,B,C 三个事件两两独立，而 A,B,C 相互独立的充分必要条件是（　　）.

A. A 与 BC 独立　　B. AB 与 $A\cup C$ 独立

C. AB 与 AC 独立　　D. $A\cup B$ 与 $A\cup C$ 独立

答题区

纠错笔记

3 甲、乙、丙三人向同一目标独立地射击一次，三人的命中率分别是 0.5，0.6，0.7，则目标被击中的概率是（　　）.

A. 0.94　　B. 0.92　　C. 0.95　　D. 0.90

答题区

纠错笔记

4 设 A,B,C 为三个事件，且 $P(\overline{A}\cup\overline{B})=0.9$，$P(\overline{A}\cup\overline{B}\cup\overline{C})=0.97$，则 $P(AB-C)=$________.

答题区

纠错笔记

5 10 个球中有 3 个红球，7 个白球，将球随机地分给 10 个人，每人 1 球，则最后 3 个分到球的人恰有 1 个得到红球的概率为________.

答题区

纠错笔记

6 甲、乙、丙三人同时对同一目标进行射击，三人击中的概率分别为 0.4，0.5，0.7. 目标被 1 人击中而被击落的概率为 0.2，被 2 人击中而被击落的概率为 0.6，若 3 人都击中，则目标必定被击落. 求目标被击落的概率.

答题区

纠错笔记

7 考虑一元二次方程 $x^2+bx+c=0$，其中 b,c 分别将 1 枚骰子接连投掷 2 次先后出现的点数，求该方程有实根的概率 p 和有重根的概率 q.

答题区

纠错笔记

第二章　一维随机变量

一、基础篇

1 设随机变量 X 的分布函数 $F(x)=\begin{cases}0, & x<0\\ \frac{1}{2}, & 0\leqslant x<1\\ 1-e^{-x}, & x\geqslant 1\end{cases}$，则 $P\{X=1\}=($　　$)$.

A. 0　　B. $\frac{1}{2}$　　C. $\frac{1}{2}-e^{-1}$　　D. $1-e^{-1}$

答题区

纠错笔记

2 设 $F_1(x)$ 与 $F_2(x)$ 分别为随机变量 X_1 与 X_2 的分布函数，为了使 $F(x)=aF_1(x)-bF_2(x)$ 是某一随机变量的分布函数，则 a,b 可取值为(　　).

A. $a=\frac{3}{5},b=-\frac{2}{5}$　　B. $a=\frac{2}{3},b=\frac{2}{3}$

C. $a=-\frac{1}{2},b=\frac{3}{2}$　　D. $a=\frac{1}{2},b=-\frac{3}{2}$

答题区

纠错笔记

3 下列各函数中,可以作为随机变量分布函数的是(　　).

A. $F(x)=\dfrac{1}{1+x^2}$　　　　B. $F(x)=\dfrac{3}{4}+\dfrac{1}{2\pi}\arctan x$

C. $F(x)=\begin{cases}0, & x<-1\\ \dfrac{x^3}{2}+1, & -1\leqslant x<1\\ 1, & x\geqslant 1\end{cases}$　　　　D. $F(x)=e^{-e^{-x}}$

答题区

纠错笔记

4 $P\{X=k\}=c\dfrac{\lambda^k}{k!}e^{-\lambda}(k=0,2,4,\cdots)$是随机变量 X 的概率分布,则 λ,c 一定满足(　　).

A. $\lambda>0$　　B. $c>0$　　C. $c\lambda>0$　　D. $c>0$ 且 $\lambda>0$

答题区

纠错笔记

5 设 X_1,X_2,X_3 是随机变量,且 $X_1\sim N(0,1),X_2\sim N(0,2^2),X_3\sim N(5,3^2)$,
$P_j=P\{-2\leqslant X_j\leqslant 2\}(j=1,2,3)$,则(　　).

A. $P_1>P_2>P_3$　　　　B. $P_2>P_1>P_3$

C. $P_3>P_1>P_2$　　　　D. $P_1>P_3>P_2$

答题区

纠错笔记

6 设 $f_1(x)$ 为标准正态分布的概率密度，$f_2(x)$ 为 $[-1,3]$ 上均匀分布的概率密度，若 $f(x)=\begin{cases}af_1(x), & x\leqslant 0\\ bf_2(x), & x>0\end{cases}$ $(a>0,b>0)$ 为概率密度，则 a,b 应满足（　　）.

A. $2a+3b=4$　　B. $3a+2b=4$　　C. $a+b=1$　　D. $a+b=2$

答题区

纠错笔记

7 设随机变量 $X\sim N(\mu,\sigma^2)$，则随着 σ 的增大，概率 $P\{|X-\mu|<\sigma\}$ 应（　　）.

A. 单调增大　　B. 单调减少　　C. 保持不变　　D. 增减不定

答题区

纠错笔记

8 设随机变量 $X\sim N(\mu_1,\sigma_1^2)$，$Y\sim N(\mu_2,\sigma_2^2)$，且 $P\{|X-\mu_1|<1\}>P\{|Y-\mu_2|<1\}$，则必有（　　）.

A. $\sigma_1<\sigma_2$　　B. $\sigma_1>\sigma_2$　　C. $\mu_1<\mu_2$　　D. $\mu_1>\mu_2$

答题区

纠错笔记

9 设 $F_1(x)$，$F_2(x)$ 为两个分布函数，其相应的概率密度 $f_1(x)$，$f_2(x)$ 是连续函数，则必为概率密度的是（　　）.

A. $f_1(x)f_2(x)$　　B. $2f_2(x)F_1(x)$

C. $f_1(x)F_2(x)$　　D. $f_1(x)F_2(x)+f_2(x)F_1(x)$

答题区

纠错笔记

10 若 $p_k=\dfrac{b}{k(k+1)}(k=1,2\cdots)$ 为离散型随机变量的分布，则常数 $b=($　　$)$.

A. 2　　B. 1　　C. $\dfrac{1}{2}$　　D. 3

答题区

纠错笔记

11 设随机变量 X 的概率密度函数 $f(x)=\begin{cases}ax+b, & 0<x<1\\ 0, & \text{其他}\end{cases}$，且 $P\left\{X<\dfrac{1}{3}\right\}=P\left\{X>\dfrac{1}{3}\right\}$，则常数 a 和 b 的值分别是(　　).

A. $-\dfrac{3}{2},\dfrac{7}{4}$　　B. $\dfrac{3}{2},-\dfrac{7}{4}$　　C. $\dfrac{3}{2},\dfrac{7}{4}$　　D. $-\dfrac{3}{2},-\dfrac{7}{4}$

答题区

纠错笔记

12 设随机变量 X 服从参数为 λ 的泊松分布，且 $P\{X=2\}=P\{X=3\}$，则 $P\{X=4\}=($　　$)$.

A. $\dfrac{2}{3}e^{2}$　　B. $\dfrac{27}{8}e^{-3}$　　C. $\dfrac{27}{8}e^{3}$　　D. $\dfrac{2}{3}e^{-2}$

答题区

纠错笔记

13 设随机变量 X 与 Y 均服从正态分布，$X\sim N(\mu,4^2)$，$Y\sim N(\mu,5^2)$，记 $p_1=P\{X\leqslant\mu-4\}$，$p_2=P\{Y\geqslant\mu+5\}$，则(　　).

A. 对任意实数 μ，都有 $p_1=p_2$　　B. 对任意实数 μ，都有 $p_1<p_2$

C. 对 μ 的个别值，才有 $p_1=p_2$　　D. 对任意实数 μ，都有 $p_1>p_2$

答题区

纠错笔记

14 设随机变量 X 服从标准正态分布 $N(0,1)$，对给定的 $\alpha\in(0,1)$，数 u_α 满足 $P\{X>u_\alpha\}=\alpha$，若 $P\{|X|<x\}=\alpha$，则 $x=$（　　）.

A. $u_{\alpha/2}$　　B. $u_{1-\alpha/2}$　　C. $u_{(1-\alpha)/2}$　　D. $u_{1-\alpha}$

答题区

纠错笔记

15 设随机变量 X 的密度函数 $f(x)=\dfrac{1}{\pi(1+x^2)}$，则 $Y=2X$ 的密度函数为（　　）.

A. $\dfrac{1}{\pi(1+4y^2)}$　　B. $\dfrac{2}{\pi(4+y^2)}$　　C. $\dfrac{1}{\pi(1+y^2)}$　　D. $\dfrac{1}{\pi}\arctan y$

答题区

纠错笔记

16 设随机变量 $X\sim B(2,p)$，$Y\sim B(3,p)$，若 $P\{X\geqslant1\}=\dfrac{5}{9}$，则 $P\{Y\geqslant1\}=$________.

答题区

纠错笔记

17 设随机变量 Y 服从参数为 1 的指数分布，a 为常数且大于零，则 $P\{Y\leqslant a+1|Y>a\}=$________.

答题区

纠错笔记

18 设 k 在 $(0,5)$ 上服从均匀分布，则 $4x^2+4kx+k+2=0$ 有实根的概率为________.

答题区

纠错笔记

19 若随机变量 X 服从均值为 2、方差为 σ^2 的正态分布，且 $P\{2<X<4\}=0.3$，则 $P\{X<0\}=$________.

答题区

纠错笔记

20 随机变量 X 的密度函数为 $f(x)=\begin{cases}2x, & 0<x<A \\ 0, & \text{其他}\end{cases}$，则常数 $A=$________.

答题区

纠错笔记

21 设随机变量 X 的密度函数为 $f(x)=\begin{cases}cx^4, & 0<x<1 \\ 0, & \text{其他}\end{cases}$，则常数 $c=$________.

答题区

纠错笔记

22 设随机变量 X 的概率密度为 $f(x)=\begin{cases}\dfrac{1}{3}, & 0\leqslant x\leqslant 1\\ \dfrac{2}{9}, & 3\leqslant x\leqslant 6\\ 0, & 其他\end{cases}$，若 k 使得 $P\{X\geqslant k\}=\dfrac{2}{3}$，则 k 的取值范围是__________.

答题区

纠错笔记

23 设随机变量 X 服从正态分布 $N(\mu,\sigma^2)(\sigma^2>0)$，且二次方程 $y^2+4y+X=0$ 无实根的概率为 $\dfrac{1}{2}$，则 $\mu=$__________.

答题区

纠错笔记

24 设随机变量 X 的分布律为：

X	1	4	6	10
p_k	$\dfrac{2}{6}$	$\dfrac{1}{6}$	$\dfrac{2}{6}$	$\dfrac{1}{6}$

求 X 的分布函数 $F(X)$，并利用分布函数求 $P\{2<X\leqslant 6\}$，$P\{X<4\}$，$P\{1\leqslant X<5\}$.

答题区

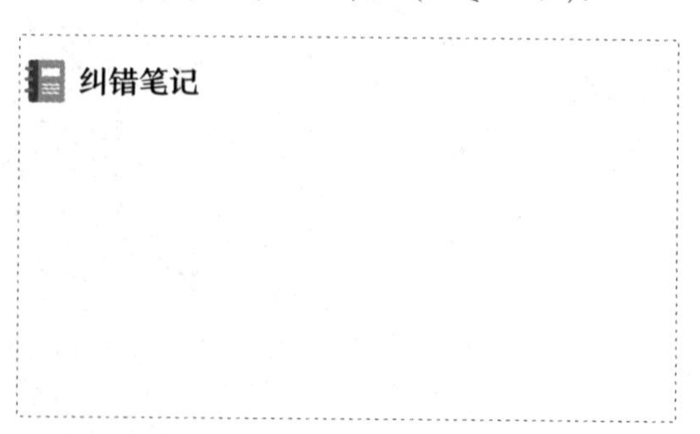
纠错笔记

25 设 X 的分布函数为 $F(x)=\begin{cases}0, & x<-1\\ \dfrac{1}{4}, & -1\leqslant x<0\\ \dfrac{3}{4}, & 0\leqslant x<1\\ 1, & x\geqslant 1\end{cases}$，求 X 的分布律.

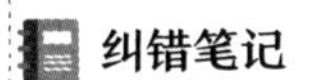

26 已知随机变量 X 的概率分布为

X	1	2	3
p_k	θ^2	$2\theta(1-\theta)$	$(1-\theta)^2$

且 $P\{X\geqslant 2\}=\dfrac{3}{4}$，求未知参数 θ.

纠错笔记

27 一袋中有 5 只乒乓球，编号分别为 1，2，3，4，5，在其中同时取 3 只，以 X 表示取出的 3 只球中的最大号码，写出随机变量 X 的分布律.

答题区

纠错笔记

28 电话交换台每分钟的呼唤次数服从参数为 4 的泊松分布，求

(1) 每分钟恰有 8 次呼唤的概率.

答题区

纠错笔记

（2）每分钟的呼唤次数大于 10 的概率.

答题区

纠错笔记

29 某射手连续向一目标射击，直到命中为止，已知他每发命中的概率均是 p，求该射手命中目标所需射击发数 X 的概率.

答题区

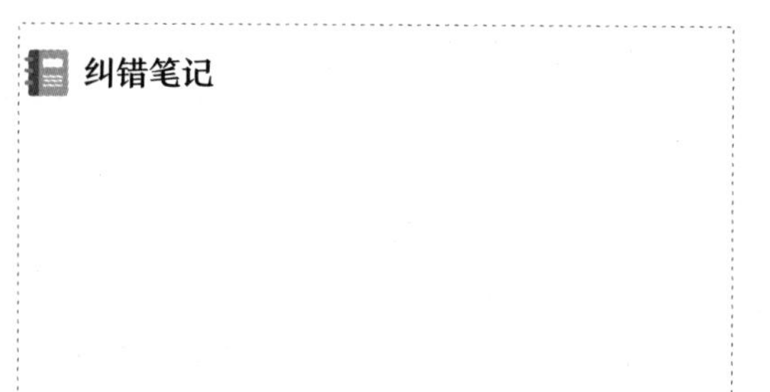

30 设随机变量 X 的分布函数为 $F_X(x)=\begin{cases}0, & x<1\\ \ln x, & 1\leqslant x<\mathrm{e}\\ 1, & x\geqslant \mathrm{e}\end{cases}$，求

（1）$P\{X<2\}$，$P\{0<X\leqslant 3\}$，$P\left\{2<X<\frac{5}{2}\right\}$.

答题区

（2）求概率密度 $f_X(x)$.

答题区

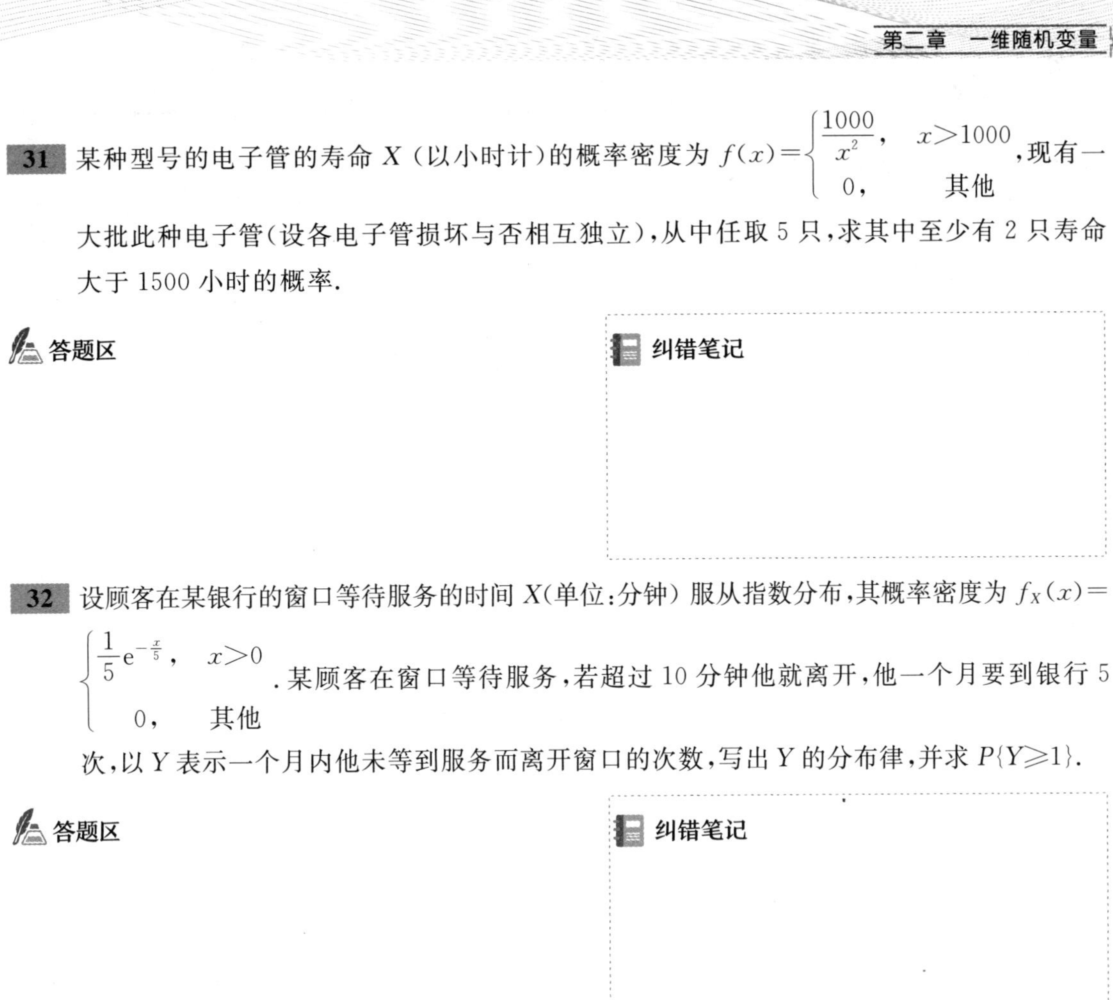

31 某种型号的电子管的寿命 X（以小时计）的概率密度为 $f(x)=\begin{cases}\dfrac{1000}{x^2}, & x>1000\\ 0, & 其他\end{cases}$，现有一大批此种电子管（设各电子管损坏与否相互独立），从中任取 5 只，求其中至少有 2 只寿命大于 1500 小时的概率.

答题区

纠错笔记

32 设顾客在某银行的窗口等待服务的时间 X（单位：分钟）服从指数分布，其概率密度为 $f_X(x)=\begin{cases}\dfrac{1}{5}e^{-\frac{x}{5}}, & x>0\\ 0, & 其他\end{cases}$. 某顾客在窗口等待服务，若超过 10 分钟他就离开，他一个月要到银行 5 次，以 Y 表示一个月内他未等到服务而离开窗口的次数，写出 Y 的分布律，并求 $P\{Y\geqslant 1\}$.

答题区

纠错笔记

33 设 $X\sim N(3,2^2)$.

(1) 求 $P\{2<X\leqslant 5\}$，$P\{-4<X\leqslant 10\}$，$P\{|X|>2\}$，$P\{X>3\}$.

答题区

纠错笔记

(2) 若 $P\{X>C\}=P\{X\leqslant C\}$，则求 C 的值.

答题区

纠错笔记

34 设随机变量 X 的分布律为

X	-2	-1	0	1	2
p_k	$\frac{1}{5}$	$\frac{1}{6}$	$\frac{1}{5}$	$\frac{1}{15}$	$\frac{11}{30}$

，求 $Y=X^2$ 的分布律.

答题区

纠错笔记

35 设随机变量 X 的概率密度为 $f_X(x)=\begin{cases} e^{-x}, & x\geqslant 0 \\ 0, & x<0 \end{cases}$，求随机变量 $Y=e^X$ 的概率密度 $f_Y(y)$.

答题区

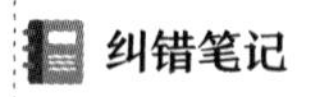

纠错笔记

36 设随机变量 X 服从$(0,2)$上的均匀分布，求随机变量 $Y=X^2$ 在$(0,4)$内的概率分布密度 $f_Y(y)$.

答题区

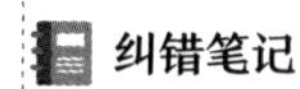

纠错笔记

37 设随机变量 X 的概率密度为 $f(x)=\begin{cases} Ax(1-x)^3, & 0\leqslant x\leqslant 1 \\ 0, & \text{其他} \end{cases}$.

(1) 求常数 A.

答题区

纠错笔记

(2) 求 X 的分布函数.

答题区

纠错笔记

(3) 在 n 次独立观察中,求 X 的值至少有一次小于 0.5 的概率.

答题区

纠错笔记

(4) 求 $Y=X^3$ 的概率密度.

答题区

纠错笔记

38 设 $X\sim N(0,1)$,求

(1) $Y=e^X$.

答题区

纠错笔记

(2) $Y=2X^2+1$.

答题区

纠错笔记

(3) $Y=|X|$ 的概率密度.

答题区

纠错笔记

39 设随机变量 X 的分布函数为 $F(x)=\begin{cases} a, & x\leqslant 0 \\ bx^2+c, & 0<x\leqslant 1 \\ d, & x>1 \end{cases}$. 求

(1) 常数 a,b,c,d 的值.

答题区

纠错笔记

(2) 随机变量 X 落在 $(0.3,0.7]$ 内的概率.

答题区

纠错笔记

40 一个盒子中有 4 个小球，球上分别标有号码 0,1,1,2，有放回地取 2 个球，以 X 表示 2 次抽到的球上号码数的乘积，求 X 的分布律.

答题区

纠错笔记

41 设 10 件产品中有 2 件是不合格品，现进行不放回抽样，直到取得合格品为止，以 X 表示抽样次数，求其分布函数.

答题区

纠错笔记

42 设 D 是由曲线 $y=x^2$ 和直线 $y=x$ 所围成的区域，向 D 内随机投一点，试求该点到 y 轴的距离 X 的分布函数.

答题区

纠错笔记

43 设连续型随机变量 X 的分布函数为 $F(x)=\begin{cases}A+Be^{-\frac{x^2}{2}}, & x>0,\\ 0, & x\leqslant 0\end{cases}$ 求

(1)常数 A 和 B 的值.

答题区

纠错笔记

(2) $P\{-1<X<1\}$.

答题区

纠错笔记

(3)X 的概率密度函数.

答题区

纠错笔记

44 已知连续型随机变量 X 的概率密度函数为 $f(x)=\begin{cases} c+x, & -1\leqslant x<0 \\ c-x, & 0\leqslant x\leqslant 1 \\ 0, & |x|>1 \end{cases}$.

(1)求常数 c.

答题区

纠错笔记

(2)求概率 $P\{|X|\leqslant 0.5\}$.

答题区

纠错笔记

(3)求分布函数 $F(x)$.

答题区

纠错笔记

45 某单位招聘 2 500 人，按考试成绩从高分到低分依次录用，共有 10 000 人报名. 假设报名者的成绩服从 $N(\mu,\sigma^2)$，已知 90 分以上的有 359 人，60 分以下的有 1151 人，试问录用者中的最低分为多少？

答题区

纠错笔记

46 设随机变量 X 的概率密度函数为 $f(x)=\begin{cases}\dfrac{x}{8}, & 0\leqslant x\leqslant 4\\ 0, & 其他\end{cases}$，求随机变量 $Y=\mathrm{e}^X$ 的概率密度函数 $f_Y(y)$.

答题区

纠错笔记

二、提高篇

1 设 $F(x)$ 为随机变量 X 的分布函数，则 $P\{x_1<X<x_2\}=F(x_2)-F(x_1)$ 成立的充分必要条件是 $F(x)$ 在（　　）.

A. x_1 处连续　　B. x_2 处连续

C. x_1 和 x_2 至少有一处不连续　　D. x_1 和 x_2 都连续

答题区

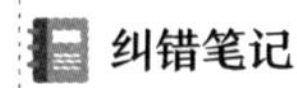

纠错笔记

2 设随机变量 X 的概率密度函数 $f(x)$，且 $f(-x)=f(x)$，$F(x)$ 是 X 的分布函数，则对任意实数 a，有（　　）.

A. $F(-a)=1-\int_0^a f(x)\mathrm{d}x$　　B. $F(-a)=\dfrac{1}{2}-\int_0^a f(x)\mathrm{d}x$

C. $F(-a)=F(a)$　　D. $F(-a)=2F(a)-1$

答题区

纠错笔记

3 随机变量 X 服从指数分布，则随机变量 $Y=\min\{X,2\}$ 的分布函数（　　）.

A. 是连续函数　　　　B. 至少有两个间断点

C. 是阶梯函数　　　　D. 恰好有一个间断点

答题区

纠错笔记

4 设随机变量 X 的概率密度为 $f(x)=\begin{cases}\frac{1}{9}x^2, & 0<x<3\\ 0, & \text{其他}\end{cases}$，令随机变量 $Y=\begin{cases}2, & x\leqslant 1\\ x, & 1<x<2\\ 1, & x\geqslant 2\end{cases}$.

(1) 求 Y 的分布函数.

答题区

纠错笔记

(2) 求概率 $P\{X\leqslant Y\}$.

答题区

纠错笔记

5 设 X 的概率密度为 $f(x)=\begin{cases}\frac{2x}{\pi^2}, & 0<x<\pi\\ 0, & \text{其他}\end{cases}$，求 $Y=\sin X$ 的概率密度函数.

答题区

纠错笔记

6 假设随机变量 X 的绝对值不大于 1，$P\{X=-1\}=\frac{1}{8}$，$P\{X=1\}=\frac{1}{4}$，在事件 $\{-1<X<1\}$ 出现的前提下，X 在 $(-1,1)$ 内的任意一个开子区间上的取值的条件概率与该子区间的长度成正比，试求随机变量 X 的分布函数.

答题区

第三章　二维随机变量

一、基础篇

1 设随机变量 X 和 Y 相互独立，其概率分布律为

X	-1	1
P	$\frac{1}{2}$	$\frac{1}{2}$

，

Y	-1	1
P	$\frac{1}{2}$	$\frac{1}{2}$

，

则下列式子正确的是（　　）.

A. $X=Y$

B. $P\{X=Y\}=0$

C. $P\{X=Y\}=\frac{1}{2}$

D. $P\{X=Y\}=1$

答题区

纠错笔记

2 二维随机变量(X,Y)的概率分布为

X	Y	
	0	1
0	0.4	a
1	b	0.1

，

已知随机事件$\{X=0\}$与$\{X+Y=1\}$相互独立，则（　　）.

A. $a=0.2, b=0.3$

B. $a=0.4, b=0.1$

C. $a=0.3, b=0.2$

D. $a=0.1, b=0.4$

答题区

纠错笔记

3 设二维随机变量(X,Y)的概率密度为$f(x,y)=\begin{cases}1, & 0<x<1,0<y<1 \\ 0, & \text{其他}\end{cases}$,则$P\{X<0.5,Y<0.6\}=$(　　).

A. 0.5　　B. 0.3　　C. 0.2　　D. 0.4

答题区

纠错笔记

4 设随机变量$X\sim N(\mu_1,\sigma_1^2)$,$Y\sim N(\mu_2,\sigma_2^2)$相互独立,则它们的和也服从正态分布,且有(　　).

A. $X+Y\sim N(\mu_1,\sigma_1^2+\sigma_2^2)$

B. $X+Y\sim N(\mu_1+\mu_2,\sigma_1\sigma_2)$

C. $X+Y\sim N(\mu_1+\mu_2,\sigma_1^2\sigma_2^2)$

D. $X+Y\sim N(\mu_1+\mu_2,\sigma_1^2+\sigma_2^2)$

答题区

纠错笔记

5 设两个相互独立的随机变量X和Y分别服从正态分布$N(0,1)$和$N(1,1)$,则(　　).

A. $P\{X+Y\leqslant 0\}=\frac{1}{2}$

B. $P\{X+Y\leqslant 1\}=\frac{1}{2}$

C. $P\{X-Y\leqslant 0\}=\frac{1}{2}$

D. $P\{X-Y\leqslant 1\}=\frac{1}{2}$

答题区

纠错笔记

6 随机变量 X 和 Y 独立同分布，且 X 的分布函数为 $F(x)$，则 $Z=\max\{X,Y\}$ 的分布函数为（　　）.

A. $F^2(z)$　　　　B. $F(x)F(y)$

C. $1-[1-F(z)]^2$　　　　D. $[1-F(x)][1-F(y)]$

答题区

纠错笔记

7 设相互独立的两个随机变量 X,Y 具有同一分布律，且 X 的分布律为

X	0	1
P	$\frac{1}{2}$	$\frac{1}{2}$

，则随机变量 $Z=\max\{X,Y\}$ 的分布律为________.

答题区

纠错笔记

8 设随机变量 X 和 Y 的联合分布函数为 $F(x,y)=\begin{cases}0, & \min\{x,y\}<0\\ \min\{x,y\}, & 0\leqslant\min\{x,y\}<1\\ 1, & \min\{x,y\}\geqslant 1\end{cases}$，则随机变量 X 的边缘分布函数 $F_X(x)$________.

答题区

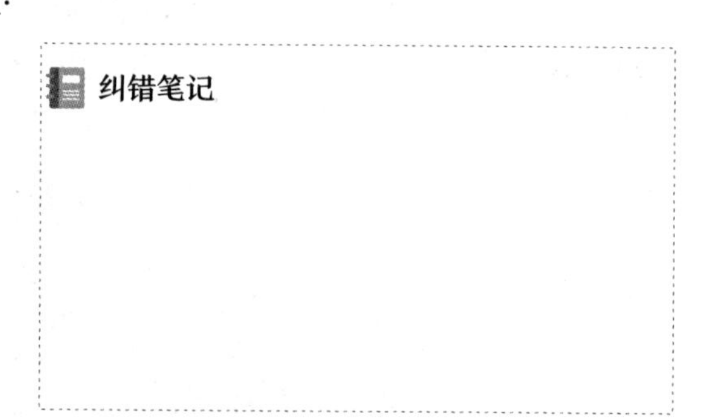

纠错笔记

9 已知(X,Y)的联合密度为$\varphi(x,y)=\begin{cases} c\sin(x+y), & 0\leqslant x,y\leqslant\frac{\pi}{4} \\ 0, & 其他 \end{cases}$，则$c=$__________，$Y$的边缘概率密度$\varphi_Y(y)=$__________.

答题区

纠错笔记

10 设二维随机变量(X,Y)的概率密度为$f(x,y)=\begin{cases} 6x, & 0\leqslant x\leqslant y\leqslant 1 \\ 0, & 其他 \end{cases}$，则$P\{x+y\leqslant 1\}=$__________.

答题区

纠错笔记

11 平面区域D由曲线$y=\dfrac{1}{x}$及直线$y=0,x=1,x=\mathrm{e}^2$所围成，二维随机变量(X,Y)在区域D上服从均匀分布，则(X,Y)关于X的边缘密度在$x=2$处的值是__________.

答题区

纠错笔记

12 设 X,Y 是独立的两个随机变量，其联合分布律为

X	Y		
	1	2	3
1	$\frac{1}{8}$	a	$\frac{1}{24}$
2	b	$\frac{1}{4}$	$\frac{1}{8}$

，

则 $a=$________，$b=$________.

答题区

纠错笔记

13 设随机变量 X 和 Y 相互独立，二维随机变量 (X,Y) 的联合分布律及关于 X 和关于 Y 的边缘分布律中的部分数值如下表：

X	Y			
	1	2	3	$p_{i\cdot}$
1		$\frac{1}{8}$		
2	$\frac{1}{8}$			
$p_{\cdot j}$	$\frac{1}{6}$			1

，

那么 $P\{Y=3\}+P\{Y=1\}=$________.

答题区

纠错笔记

14 设随机变量 X 和 Y 相互独立，且均服从区间$[0,3]$上的均匀分布，则 $P\{\max\{X,Y\}\leqslant 1\}=$ ________.

答题区

纠错笔记

15 设二维随机变量(X,Y)的联合概率密度为 $f(x,y)=\begin{cases}k(x+y), & 0<y<x<1\\ 0, & \text{其他}\end{cases}$，则 $k=$ ________.

答题区

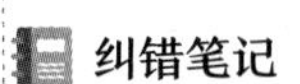纠错笔记

16 设二维随机变量(X,Y)的联合分布函数为

$$F(x,y)=\begin{cases}1-e^{-\lambda_1 x}-e^{-\lambda_2 y}+e^{-\lambda_1 x-\lambda_2 y-\lambda_3\max\{x,y\}}, & x>0,y>0\\ 0, & \text{其他}\end{cases},$$

试求随机变量 X 和 Y 的边缘分布函数，并判断 X 和 Y 是否独立.

答题区

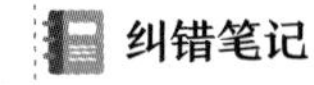纠错笔记

17 设随机变量 X,Y 独立同分布，且 $P\{X=-1\}=P\{Y=-1\}=P\{X=1\}=P\{Y=1\}=\dfrac{1}{2}$，试求 $P\{X=Y\}$.

答题区

纠错笔记

18 设随机变量 $X_i \sim \begin{bmatrix} -1 & 0 & 1 \\ \frac{1}{4} & \frac{1}{2} & \frac{1}{4} \end{bmatrix}(i=1,2)$，且满足 $P\{X_1X_2=0\}=1$，求 $P\{X_1=X_2\}$.

答题区

纠错笔记

19 盒子里装有 3 只黑球，2 只红球，2 只白球，从中任取 4 只，X,Y 分别表示取到的黑球和红球的个数，求 (X,Y) 的联合分布律.

答题区

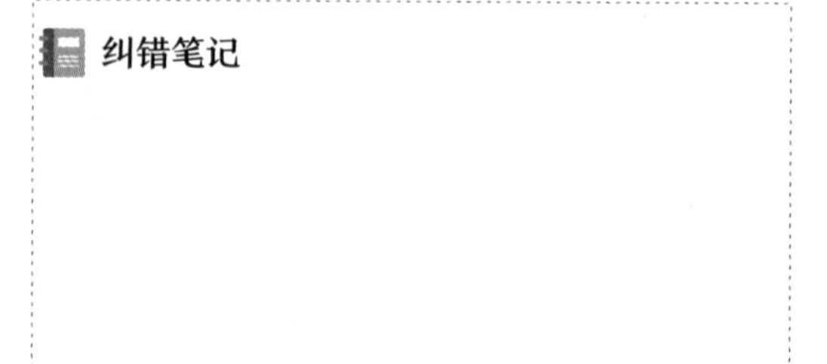
纠错笔记

20 袋中有 1 个红球、2 个黑球与 3 个白球，现在有放回地从袋子中取 2 次，每次取 1 个球，以 X,Y,Z 分别表示 2 次取球所取得的红球、黑球与白球的个数.

(1) 求 $P\{X=1|Z=0\}$.

答题区

纠错笔记

(2) 求二维随机变量 (X,Y) 的联合分布律.

答题区

纠错笔记

21 设两个随机变量 X,Y 相互独立且同分布，$P\{X=-1\}=P\{Y=-1\}=\dfrac{1}{2}$，$P\{X=1\}=P\{Y=1\}=\dfrac{1}{2}$，求 $P\{X=Y\}$，$P\{X+Y=0\}$，$P\{XY=0\}$.

答题区

纠错笔记

22 设随机变量(X,Y)的密度函数为 $f(x,y)=\begin{cases} k\mathrm{e}^{-(3x+4y)}, & x>0,y>0 \\ 0, & 其他 \end{cases}$.

(1) 确定常数 k 的值.

答题区

纠错笔记

(2) 求(X,Y)的分布函数.

答题区

纠错笔记

(3) 求 $P\{0<X\leqslant 1,0<Y\leqslant 2\}$.

答题区

纠错笔记

23 设随机变量(X,Y)的概率密度为 $f(x,y)=\begin{cases} x^2+\frac{1}{3}xy, & 0\leqslant x\leqslant 1,0\leqslant y\leqslant 2 \\ 0, & \text{其他} \end{cases}$，求 $P\{X+Y\geqslant 1\}$.

答题区

纠错笔记

24 设随机变量(X,Y)概率密度函数为 $f(x,y)=\begin{cases} k(6-x-y), & 0<x<2,2<y<4 \\ 0, & \text{其他} \end{cases}$.

(1)确定常数 k 的值.

答题区

纠错笔记

(2)求 $P\{X<1,Y<3\}$.

答题区

纠错笔记

(3)求 $P\{X\leqslant 1.5\}$.

答题区

纠错笔记

(4)求 $P\{X+Y\leqslant 4\}$.

答题区

纠错笔记

25 设二维随机变量(X,Y)的概率密度为 $f(x,y)=\begin{cases} e^{-y}, & 0<x<y \\ 0, & \text{其他} \end{cases}$,求边缘概率密度.

答题区

纠错笔记

26 设二维随机变量(X,Y)的概率密度为 $f(x,y)=\begin{cases} cx^2y, & x^2\leqslant y\leqslant 1 \\ 0, & \text{其他} \end{cases}$.

(1)试确定常数 c.

答题区

纠错笔记

(2)求边缘概率密度.

答题区

纠错笔记

27 设随机变量(X,Y)服从区域$D=\{(x,y)\mid 0\leqslant x\leqslant 1,x^2\leqslant y\leqslant x\}$上的均匀分布，试求$(X,Y)$的联合概率密度及边缘概率密度.

答题区

纠错笔记

28 假设数字X在区间$(0,1)$上随机地取值，观察可知$X=x$时，数字Y在区间$(x,1)$上随机地取值，求Y的概率密度$f_Y(y)$.

答题区

纠错笔记

29 设二维随机变量(X,Y)的概率密度为$f(x,y)=A\mathrm{e}^{-2x^2-2xy-y^2}$，$-\infty<x<+\infty$，$-\infty<y<+\infty$，求常数$A$及条件概率密度$f_{Y|X}(y|x)$.

答题区

纠错笔记

30 设二维随机变量(X,Y)在边长为a的正方形内服从均匀分布，以该正方形的对角线为坐标轴，求：

(1) 随机变量X,Y的边缘概率密度.

答题区

纠错笔记

(2) 条件概率密度 $f_{X|Y}(x|y)$.

答题区

纠错笔记

31 设随机变量 X,Y 的分布律分别为

X	0	1
p	$\frac{1}{3}$	$\frac{2}{3}$

,

Y	-1	0	1
p	$\frac{1}{3}$	$\frac{1}{3}$	$\frac{1}{3}$

,

且 $P\{X^2=Y^2\}=1$.

(1) 求 (X,Y) 的联合分布律.

答题区

纠错笔记

(2) 令 $Z=XY$, 求 Z 的分布律.

答题区

32 设随机变量(X,Y)的概率分布如下：

X	Y			
	-1	0	1	2
-1	0.2	0.15	0.1	0.3
2	0.1	0	0.1	0.05

，

求二维随机变量的函数 Z 的分布：

(1)$Z=X+Y$.

答题区

纠错笔记

(2)$Z=XY$.

答题区

纠错笔记

33 设随机变量 X,Y 相互独立，其概率密度函数分别为 $f_X(x)=\begin{cases}1, & 0\leqslant x\leqslant 1\\ 0, & \text{其他}\end{cases}$，$f_Y(y)=\begin{cases}e^{-y}, & y>0\\ 0, & y\leqslant 0\end{cases}$，求 $Z=2X+Y$ 的概率密度函数.

答题区

纠错笔记

34 设随机变量(X,Y)在矩形区域$D=\{(x,y)|a<x<b,c<y<d\}$内服从均匀分布，

(1)求联合概率密度及边缘概率密度.

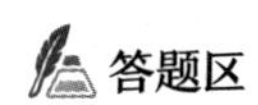

答题区

纠错笔记

(2)判断随机变量X,Y是否独立.

答题区

纠错笔记

35 已知X,Y相互独立,其分布密度函数分别为$f_X(x)=\begin{cases}\frac{1}{2}e^{-\frac{1}{2}x}, & x\geqslant 0\\ 0, & x<0\end{cases}$和$f_Y(y)=\begin{cases}\frac{1}{3}e^{-\frac{1}{3}y}, & y\geqslant 0\\ 0, & y<0\end{cases}$,求$Z=X+Y$的密度函数.

答题区

纠错笔记

36 随机变量(X,Y)的分布函数为$F(x,y)=\begin{cases}1-3^{-x}-3^{-y}+3^{-x-y}, & x\geqslant 0,y\geqslant 0\\ 0, & \text{其他}\end{cases}$.

(1) 求边缘密度.

答题区

纠错笔记

（2）验证 X,Y 是否独立.

答题区

纠错笔记

37 已知随机变量 X_1 和 X_2 的分布律为

X_1	-1	0	1
p	$\frac{1}{4}$	$\frac{1}{2}$	$\frac{1}{4}$

，

X_2	0	1
p	$\frac{1}{2}$	$\frac{1}{2}$

，

且 $P\{X_1X_2=0\}=1$.

（1）求 X_1 和 X_2 的联合分布律.

答题区

纠错笔记

（2）判断 X_1 和 X_2 是否独立，并说明理由.

答题区

纠错笔记

38 设二维随机变量 (X,Y) 的概率密度为 $f(x,y)=\begin{cases}6xy^2, & 0\leqslant x,y\leqslant 1\\ 0, & \text{其他}\end{cases}$，证明：$X,Y$ 相互独立.

答题区

纠错笔记

39 设 X,Y 是两个相互独立的随机变量，X 服从区间$[0,1]$上的均匀分布，Y 的概率密度为

$$f_Y(y)=\begin{cases}\frac{1}{2}e^{-\frac{y}{2}}, & y>0\\ 0, & y\leqslant 0\end{cases}.$$

(1) 求联合概率密度.

答题区

纠错笔记

(2) 设关于 a 的一元二次方程 $a^2+2Xa+Y=0$，求它有实根的概率.

答题区

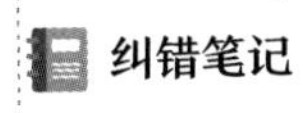纠错笔记

40 设二维随机变量(X,Y)的概率密度 $f(x,y)=\begin{cases}1, & 0<x<1,0<y<2x\\ 0, & 其他\end{cases}$，求：

(1) (X,Y)的边缘概率密度 $f_X(x)$，$f_Y(y)$.

答题区

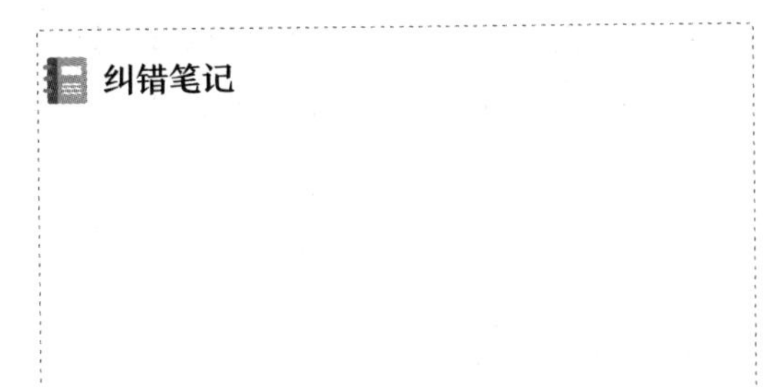纠错笔记

(2) $Z=2X-Y$ 的概率密度 $f_Z(z)$.

答题区

纠错笔记

二、提高篇

1 下列选项中，可以作为二维连续型随机变量的概率密度的是（　　）.

A. $f(x,y)=\begin{cases}\cos x, & -\dfrac{\pi}{2}<x<\dfrac{\pi}{2},0\leqslant y\leqslant 1\\ 0, & \text{其他}\end{cases}$

B. $f(x,y)=\begin{cases}\cos x, & -\dfrac{\pi}{2}<x<\dfrac{\pi}{2},0\leqslant y\leqslant \dfrac{1}{2}\\ 0, & \text{其他}\end{cases}$

C. $f(x,y)=\begin{cases}\cos x, & 0<x<\pi,0\leqslant y\leqslant 1\\ 0, & \text{其他}\end{cases}$

D. $f(x,y)=\begin{cases}\cos x, & 0<x<\pi,0\leqslant y\leqslant \dfrac{1}{2}\\ 0, & \text{其他}\end{cases}$

答题区

纠错笔记

2 设随机变量(X,Y)的联合分布函数为$F(x,y)$，而$F_X(x)$，$F_Y(y)$分别为(X,Y)关于X和Y的边缘分布函数，则概率$P\{X>x_0,Y>y_0\}$可表示为（　　）.

A. $F(x_0,y_0)$　　　　B. $1-F(x_0,y_0)$

C. $[1-F_X(x_0)][1-F_Y(y_0)]$　　　　D. $1-F_X(x_0)-F_Y(y_0)+F(x_0,y_0)$

答题区

3 设随机变量 X 与 Y 相互独立，且 X 服从标准正态分布 $N(0,1)$，Y 的概率分布为 $P\{Y=0\}=P\{Y=1\}=\frac{1}{2}$. 记 $F_Z(z)$ 为随机变量 $Z=XY$ 的分布函数，则函数 $F_Z(z)$ 的间断点个数为(　　).

A. 0　　B. 1　　C. 2　　D. 3

答题区

纠错笔记

4 设随机变量 X,Y 相互独立，且都服从参数为 λ 的指数分布，则下列随机变量服从参数为 2λ 的指数分布的是(　　).

A. $X+Y$　　B. $X-Y$　　C. $\max\{X,Y\}$　　D. $\min\{X,Y\}$

答题区

纠错笔记

5 设随机变量 X,Y 相互独立，且都服从区间$[0,1]$上的均匀分布，则下列随机变量服从均匀分布的是(　　).

A. (X,Y)　　B. $X+Y$　　C. X^2　　D. $X-Y$

答题区

纠错笔记

6 设 X 和 Y 是任意两个相互独立的连续型随机变量，它们的概率密度分别为 $f_X(x)$，$f_Y(y)$，分布函数分别为 $F_X(x)$，$F_Y(y)$，则（　　）.

A. $f_X(x)+f_Y(y)$必为某个随机变量的概率密度

B. $f_X(x)\cdot f_Y(y)$必为某个随机变量的概率密度

C. $F_X(x)+F_Y(y)$必为某个随机变量的分布函数

D. $F_X(x)\cdot F_Y(y)$必为某个随机变量的分布函数

答题区

纠错笔记

7 二维随机变量(X,Y)与(U,V)具有相同的边缘分布，则（　　）.

A. (X,Y)与(U,V)具有相同的联合分布

B. (X,Y)与(U,V)不一定有相同的联合分布

C. $X+Y$ 与 $U+V$ 具有相同的分布

D. $X-Y$ 与 $U-V$ 具有相同的分布

答题区

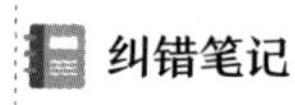
纠错笔记

8 若 $P\{X\geqslant 0,Y\geqslant 0\}=\frac{3}{7}$，$P\{X\geqslant 0\}=P\{Y\geqslant 0\}=\frac{4}{7}$，则 $P\{\max\{X,Y\}\geqslant 0\}=$________.

答题区

纠错笔记

9 在$[0,\pi]$上均匀地任取两个数 X 与 Y，求 $P\{\cos(X+Y)<0\}$的值.

答题区

纠错笔记

10 设随机变量 X 在 1,2,3,4 四个整数中等可能的取值，另一个随机变量 Y 在 $1\sim X$ 中等可能的取值，求 (X,Y) 的分布律以及它们的边缘分布律.

答题区

纠错笔记

11 设某班车起点站上车人数 X 服从参数为 $\lambda(\lambda>0)$ 的泊松分布，每位乘客中途下车的概率为 $p(0<p<1)$，且中途下车与否相互独立，以 Y 表示在中途下车的人数，求：

(1) 在发车时有 n 个乘客的条件下，中途有 m 人下车的概率.

答题区

纠错笔记

(2) 二维随机变量 (X,Y) 的概率分布.

答题区

纠错笔记

12 设随机变量 X 与 Y 独立，其中 X 的概率分布律为

X	1	2
p	0.3	0.7

，而 Y 的分布密度函数为 $f(y)$，求随机变量 $U=X+Y$ 的分布密度 $g(u)$.

答题区

纠错笔记

13 设随机变量 X 和 Y 的联合分布在正方形 $G=\{(x,y)\mid 1\leqslant x\leqslant 3,1\leqslant y\leqslant 3\}$（图 3 - 1）上服从均匀分布，试求随机变量 $U=|X-Y|$ 的概率分布密度函数 $p(u)$.

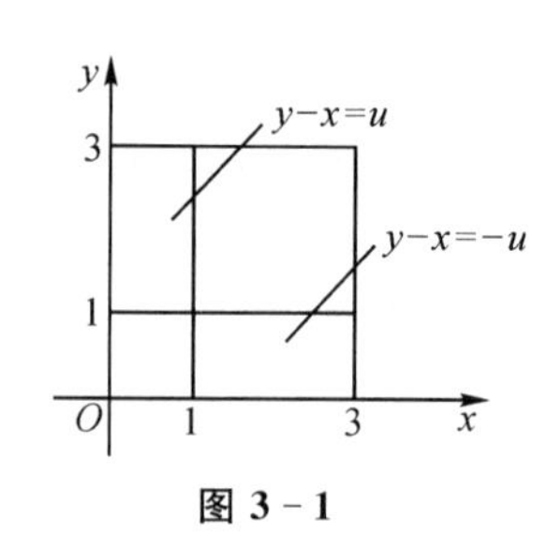

图 3 - 1

答题区

纠错笔记

14 假设一设备开机后无故障工作的时间 X 服从指数分布，平均无故障工作的时间 $E(X)$ 为 5 小时. 设备定时开机，出现故障时自动关机，而在无故障的情况下连续工作 2 小时便关机. 试求该设备每次开机无故障工作的时间 Y 的分布函数 $F(y)$.

答题区

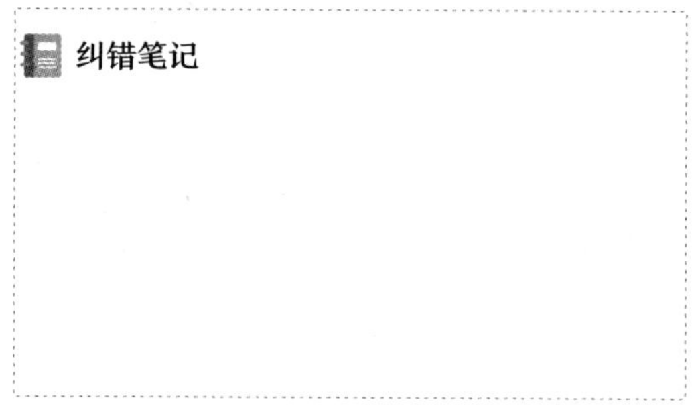

纠错笔记

15 设二维随机变量 (X,Y) 在矩形 $G=\{(x,y)\mid 0\leqslant x\leqslant 2,0\leqslant y\leqslant 1\}$ 上服从均匀分布，记 $U=\begin{cases}0, & X\leqslant Y\\ 1, & X>Y\end{cases}$，$V=\begin{cases}0, & X\leqslant 2Y\\ 1, & X>2Y\end{cases}$，试求 U 和 V 的联合分布.

答题区

纠错笔记

16 设随机变量(X,Y)的概率密度为$f(x,y)=\frac{1}{2\pi}e^{-\frac{1}{2}(x^2+y^2)}(1+\sin x\sin y)(-\infty<x,y<+\infty)$.

求随机变量X与Y的边缘概率密度.

答题区

纠错笔记

17 设二维随机变量(X,Y)的分布函数为$F(x,y)=A\left(B+\arctan\frac{x}{2}\right)\left(C+\arctan\frac{y}{3}\right)$,求:

(1) 系数A,B,C的值.

答题区

纠错笔记

(2) (X,Y)的联合概率密度.

答题区

纠错笔记

(3) X,Y的边缘分布函数及边缘概率密度.

答题区

纠错笔记

(4) 判断随机变量 X 与 Y 是否独立.

答题区

纠错笔记

18 随机变量 X_1, X_2, X_3, X_4 相互独立,且服从相同的分布 $P\{X_i=0\}=0.6$, $P\{X_i=1\}=0.4$,其中 $i=1,2,3,4$,求行列式 $X=\begin{vmatrix} X_1 & X_2 \\ X_3 & X_4 \end{vmatrix}$ 的概率分布.

答题区

纠错笔记

19 设随机变量 X,Y 相互独立,且都服从参数为 1 的指数分布,试求 $Z=\dfrac{X}{Y}$ 的概率密度.

答题区

纠错笔记

20 设二维随机变量(X,Y)服从区域 $D=\{(x,y)\mid 0\leqslant x\leqslant 2, 0\leqslant y\leqslant 1\}$上的均匀分布,求以 X,Y 为边长的矩形面积 S 的概率密度 $f(s)$.

答题区

纠错笔记

21 设 X_1, X_2 相互独立,且都在$(0,1)$内服从均匀分布. 记 $Y_1=\min\{X_1,X_2\}$, $Y_2=\max\{X_1,X_2\}$,试求(Y_1,Y_2)的概率密度.

答题区

纠错笔记

22 设随机变量 X 与 Y 相互独立，X 的概率分布为 $P(X=i)=\frac{1}{3}(i=-1,0,1)$，$Y$ 的概率密度为 $f_Y(y)=\begin{cases}1, & 0\leqslant y<1\\0, & \text{其他}\end{cases}$，记 $Z=X+Y$，

(1) 求 $P\left\{Z\leqslant\frac{1}{2}\middle|X=0\right\}$.

答题区

纠错笔记

(2)求 Z 的概率密度 $f_Z(z)$.

答题区

纠错笔记

第四章　随机变量的数字特征

一、基础篇

1 已知随机变量 X 与 Y 独立，$D(X)>0, D(Y)>0, E(X)=E(Y)=0$，则（　　）.

A. $D(X+Y)>D(X)+D(Y)$　　　　B. $D(X-Y)<D(X)-D(Y)$

C. $D(XY)>D(X)\cdot D(Y)$　　　　D. $D(XY)=D(X)\cdot D(Y)$

答题区

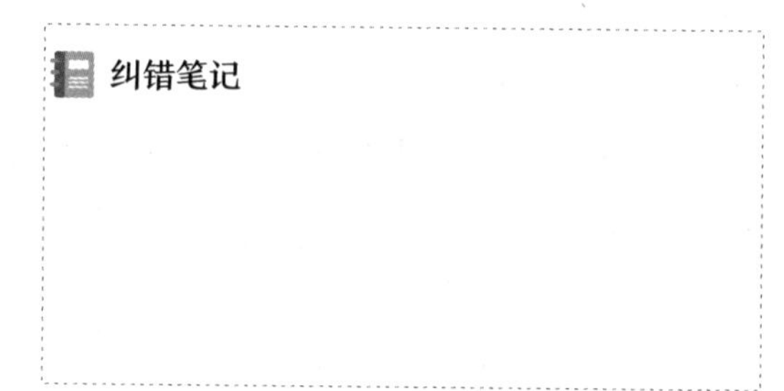

2 若两个相互独立的随机变量 X 和 Y 的方差分别为 4 和 2，则随机变量 $3X-2Y$ 的方差是（　　）.

A. 8　　　　B. 16　　　　C. 28　　　　D. 44

答题区

3 将长度为 1m 的木棒随机地截成两段，则两段长度的相关系数为（　　）.

A. 1　　　　B. $\frac{1}{2}$　　　　C. $\frac{1}{2}$　　　　D. -1

答题区

纠错笔记

4 若随机变量 $X \sim N(0,1)$，$Y \sim N(1,4)$，且相关系数 $\rho_{XY}=1$，则（　　）.

A. $P\{Y=-2X-1\}=1$　　B. $P\{Y=2X-1\}=1$

C. $P\{Y=-2X+1\}=1$　　D. $P\{Y=2X+1\}=1$

 答题区

纠错笔记

5 若二维随机变量 (X,Y) 服从二维正态分布，则随机变量 $\xi=X+Y$ 与 $\eta=X-Y$ 不相关的充分必要条件为（　　）.

A. $E(X)=E(Y)$　　B. $E(X^2)-[E(X)]^2=E(Y^2)-[E(Y)]^2$

C. $E(X^2)=E(Y^2)$　　D. $E(X^2)+[E(X)]^2=E(Y^2)+[E(Y)]^2$

 答题区

纠错笔记

6 若随机变量 X,Y 不相关，且 $E(X)=2$，$E(Y)=1$，$D(X)=3$，则 $E[X(X+Y-2)]=$（　　）.

A. -3　　B. 3　　C. -5　　D. 5

 答题区

纠错笔记

7 已知随机变量 X 服从二项分布，且 $E(X)=2.4$，$D(X)=1.44$，则二项分布的参数 n,p 的值分别为（　　）.

A. $n=4,p=0.6$　　B. $n=6,p=0.4$

C. $n=8,p=0.3$　　D. $n=24,p=0.1$

答题区

纠错笔记

8 若随机变量 X 服从二项分布，即 $X\sim B(n,p)$，且 $E(X)=3,p=\frac{1}{7}$，则 $n=$（　　）.

A. 7　　B. 14　　C. 21　　D. 49

答题区

纠错笔记

9 若随机变量 X 服从二项分布，即 $X\sim B(n,p)$，则有（　　）.

A. $E(2X+1)=2np$

B. $D(2X+1)=4np(1-p)+1$

C. $E(2X+1)=4np+1$

D. $D(2X+1)=4np(1-p)$

答题区

纠错笔记

10 若随机变量 X 服从参数为 $\lambda(\lambda>0)$ 的泊松分布，即 $X\sim P(\lambda)$，则 $\frac{[D(X)]^2}{E(X)}=$（　　）.

A. 1　　B. λ　　C. $\frac{1}{\lambda}$　　D. λ^2

答题区

纠错笔记

11 若随机变量 X 服从参数为 $\lambda(\lambda>0)$ 的指数分布，则 $\frac{D(X)}{E(X)}=$（　　）.

A. 1　　B. λ　　C. $\frac{1}{\lambda}$　　D. λ^2

答题区

纠错笔记

12 设随机变量 X 服从正态分布,即 $X \sim N(2,25)$,则 $E(X^2)=$ (　　).

A. 4　　B. 27　　C. 5　　D. 29

答题区

13 设随机变量 $X_1, X_2, \cdots, X_n (n>1)$ 独立同分布,其方差 $\sigma^2>0$. 令 $Y=\frac{1}{n}\sum_{i=1}^{n} X_i$,则(　　).

A. $\mathrm{Cov}(X_1, Y)=\frac{\sigma^2}{n}$　　B. $\mathrm{Cov}(X_1, Y)=\sigma^2$

C. $D(X_1+Y)=\frac{n+2}{n}\sigma^2$　　D. $D(X_1-Y)=\frac{n-1}{n}\sigma^2$

答题区

14 随机变量 (X,Y) 服从二维正态分布,且 X 与 Y 不相关,$f_X(x)$,$f_Y(y)$ 分别表示 X,Y 的概率密度,则在 $Y=y$ 的条件下,X 的条件概率密度 $f_{X|Y}(x|y)=$ (　　).

A. $f_X(x)$　　B. $f_Y(y)$　　C. $f_X(x)f_Y(y)$　　D. $\frac{f_X(x)}{f_Y(y)}$

答题区

15 将一枚硬币重复掷 n 次，以 X 与 Y 分别表示正面向上和反面向上的次数，则 X 与 Y 的相关系数为（　　）.

A. -1　　B. 0　　C. $\frac{1}{2}$　　D. 1

答题区

纠错笔记

16 若随机变量 X,Y 满足 $D(X+Y)=D(X-Y)$，则下列结论正确的是（　　）.

A. X,Y 相互独立　　B. X,Y 不相关

C. $D(Y)=0$　　D. $D(X)D(Y)=0$

答题区

纠错笔记

17 设随机变量 X,Y 相互独立且有相同的期望和方差，$U=X-Y,V=X+Y$，则 U 和 V 的关系为（　　）.

A. 不独立　　B. 独立　　C. 相关系数为 0　　D. 相关系数不为 0

答题区

纠错笔记

18 若随机变量 X,Y 满足 $E(XY)=E(X)E(Y)$，则下列结论正确的是（　　）.

A. X,Y 相互独立　　B. X,Y 不独立

C. $D(X+Y)=D(X)+D(Y)$　　D. $D(X)D(Y)=D(XY)$

答题区

纠错笔记

19 若随机变量 X 服从参数为 1 的指数分布，则 $E(X+e^{-2X})=$________.

答题区

纠错笔记

20 设总体 X 的概率密度为 $f(x;\theta)=\begin{cases}\dfrac{2x}{3\theta^2}, & \theta<x<2\theta \\ 0, & 其他\end{cases}$，其中 θ 是未知参数，$X_1,X_2,\cdots,X_n$ 为来自总体 X 的简单样本，若 $E\left(c\sum_{i=1}^{n}X_i^2\right)=\theta^2$，则 $c=$________.

答题区

纠错笔记

21 设二维随机变量(X,Y)服从正态分布 $N(\mu,\mu;\sigma^2,\sigma^2;0)$，则 $E(XY^2)=$________.

答题区

纠错笔记

22 设随机变量 X 和 Y 的相关系数为 0.9，若 $Z=X-0.4$，则 Y 与 Z 的相关系数为________.

答题区

纠错笔记

23 已知随机变量 $X\sim N(-3,1)$，$Y\sim N(2,1)$，且 X 与 Y 相互独立，$Z=X-2Y+7$，则 $Z\sim$ ________.

答题区

纠错笔记

24 若随机变量 X 服从参数为 1 的泊松分布，则 $P\{X=E(X^2)\}=$ ________.

答题区

纠错笔记

25 若随机变量 X 服从标准正态分布，则 $E(X\mathrm{e}^{2X})=$ ________.

答题区

纠错笔记

26 已知随机变量 X 服从区间 $(1,2)$ 上的均匀分布，在 $X=x$ 的条件下 Y 服从参数 x 的指数分布，则 $E(XY)=$ ________.

答题区

纠错笔记

27 若随机变量 $X_1, X_2, \cdots, X_n (n>1)$ 相互独立,且均服从 $N(0,\sigma^2)$,则 $\operatorname{Cov}\left(X_1, \frac{1}{n}\sum_{i=1}^{n} X_i\right)=$ ________.

答题区

纠错笔记

28 若随机变量 X,Y 均服从 $B\left(1,\frac{1}{2}\right)$,且 $D(X+Y)=1$,则 X 与 Y 的相关系数是________.

答题区

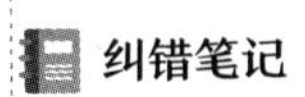
纠错笔记

29 若随机变量 X_1, X_2, X_3 相互独立,且同分布,方差为 σ^2,则 X_1+X_2 与 X_2+X_3 的相关系数是________.

答题区

纠错笔记

30 设随机变量 X 和 Y 的联合概率分布为

(X,Y)	$(0,0)$	$(0,1)$	$(1,0)$	$(1,1)$	$(2,0)$	$(2,1)$
$P\{X=x,Y=y\}$	0.10	0.15	0.25	0.20	0.15	0.15

,

求 $E\left[\sin\frac{\pi(X+Y)}{2}\right]$.

答题区

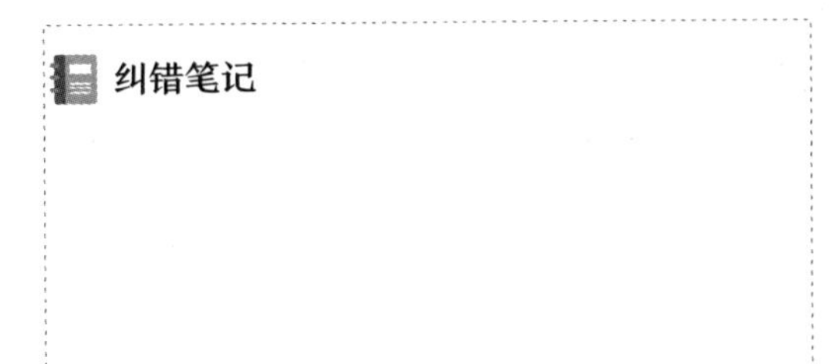
纠错笔记

31 设随机变量 X 的概率密度为 $f(x)=\begin{cases}\frac{1}{2}\cos\frac{x}{2}, & 0\leqslant x\leqslant\pi \\ 0, & \text{其他}\end{cases}$，对 X 独立地重复观察 4 次，用 Y 表示观察值大于 $\frac{\pi}{3}$ 的次数，求 Y^2 的数学期望.

答题区

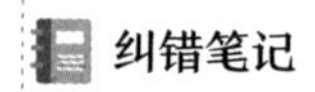

纠错笔记

32 已知甲、乙两箱中装有同种产品，其中甲箱中装有 3 件合格品和 3 件次品，乙箱中仅装有 3 件合格品，从甲箱中任取 3 件产品放入乙箱后，求：

(1) 乙箱中次品件数 X 的数学期望.

答题区

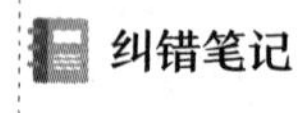

纠错笔记

(2) 从乙箱中任取 1 件产品是次品的概率.

答题区

纠错笔记

33 设随机变量 X 的分布为

X	-2	0	2
p	0.4	0.3	0.3

，求 $E(X)$，$E(3X^2+5)$.

答题区

纠错笔记

34 设随机变量 X 的概率密度为 $f(x)=\begin{cases}e^{-x}, & x>0\\ 0, & x\leqslant 0\end{cases}$，求：

(1) $Y=2X$ 的数学期望.

答题区

纠错笔记

(2) $Y=e^{-2x}$ 的数学期望.

答题区

纠错笔记

35 设随机变量 X_1,X_2 的概率密度分别为 $f_1(x)=\begin{cases}2e^{-2x}, & x>0\\ 0, & x\leqslant 0\end{cases}$，$f_2(x)=\begin{cases}4e^{-4x}, & x>0\\ 0, & x\leqslant 0\end{cases}$. 求：

(1) $E(X_1+X_2)$，$E(2X_1-3X_2^2)$.

答题区

纠错笔记

(2)设 X_1,X_2 相互独立，求 $E(X_1X_2)$.

答题区

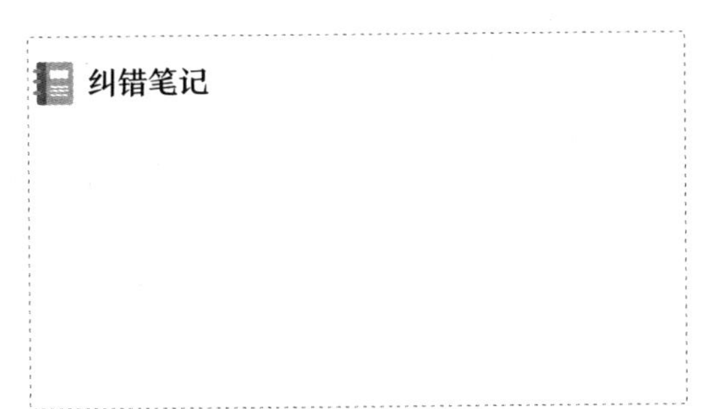

36 设随机变量 X,Y 的联合点分布在以点 $(0,1)$，$(1,0)$，$(1,1)$ 为顶点的三角形区域上服从均匀分布，试求随机变量 $Z=X+Y$ 的期望与方差.

答题区

纠错笔记

37 设随机变量 X 和 Y 相互独立，证明：$D(XY)=D(X)D(Y)+[E(X)]^2D(Y)+[E(Y)]^2D(X)$.

答题区

38 设二维离散型随机变量 (X,Y) 的概率分布为

X	Y		
	0	1	2
0	$\frac{1}{4}$	0	$\frac{1}{4}$
1	0	$\frac{1}{3}$	0
2	$\frac{1}{12}$	0	$\frac{1}{12}$

.

(1)求 $P\{X=2Y\}$.

答题区

(2) 求 $\mathrm{Cov}(X-Y,Y)$.

答题区

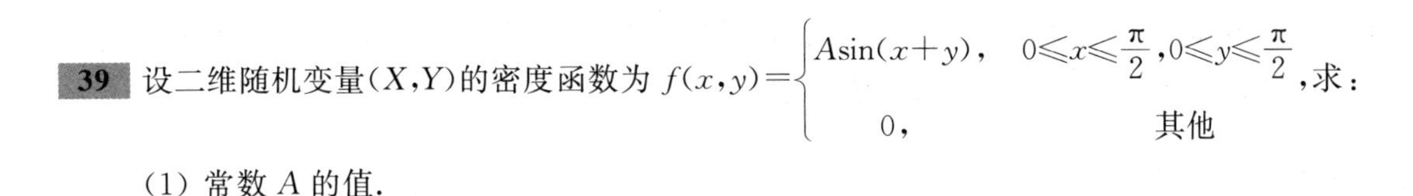

39 设二维随机变量(X,Y)的密度函数为$f(x,y)=\begin{cases}A\sin(x+y), & 0\leqslant x\leqslant \dfrac{\pi}{2},0\leqslant y\leqslant \dfrac{\pi}{2},\\ 0, & 其他\end{cases}$求：

(1) 常数A的值.

答题区

纠错笔记

(2) X与Y的协方差$\mathrm{Cov}(X,Y)$.

答题区

纠错笔记

40 对于随机变量X,Y,Z，有$E(X)=E(Y)=1,E(Z)=-1,D(X)=D(Y)=D(Z)=1$，$\rho_{XY}=0,\rho_{XZ}=\dfrac{1}{2},\rho_{YZ}=-\dfrac{1}{2}$. 设$W=X+Y+Z$，求$E(W),D(W)$.

答题区

纠错笔记

41 有3只球，4个盒子，盒子的编号为1,2,3,4，将球随机地放入4个盒子中，设X表示有球的盒子的最小号码，试求$E(X)$.

答题区

纠错笔记

42 箱内有 5 件产品，其中 2 件为次品，每次从箱中随机地取出 1 件产品，取后不放回，直到查出全部次品为止，求所需检验次数 X 的数学期望.

答题区

纠错笔记

43 设二维随机变量(X,Y)的概率密度为 $f(x,y)=\begin{cases}\dfrac{1}{y}\mathrm{e}^{-\left(y+\frac{x}{y}\right)}, & x>0,y>0\\ 0, & \text{其他}\end{cases}$，求 $E(X)$，$E(Y)$，$E(XY)$.

答题区

纠错笔记

44 设随机变量 X 和 Y 相互独立，且均服从参数为 1 的指数分布，$V=\min\{X,Y\}$，$U=\max\{X,Y\}$，求：

(1) 随机变量 V 的概率密度.

答题区

纠错笔记

(2) $E(U+V)$.

答题区

纠错笔记

45 设二维随机变量(X,Y)的联合密度为$f(x,y)=\begin{cases}\dfrac{1}{\pi}, & x^2+y^2\leqslant 1\\ 0, & \text{其他}\end{cases}$，试证随机变量$X,Y$是不相关的，且不相互独立.

答题区

纠错笔记

46 设随机变量X,Y相互独立且都服从参数为λ的泊松分布，求随机变量函数$U=2X+Y$和$V=2X-Y$的相关系数.

答题区

纠错笔记

47 设随机变量X与Y独立同分布，且X的分布律如下

X	1	2
p	$\frac{2}{3}$	$\frac{1}{3}$

，

记$U=\max\{X,Y\}$，$V=\min\{X,Y\}$.

(1)求(U,V)的概率分布.

答题区

纠错笔记

(2)求U与V的协方差$\mathrm{Cov}(X,Y)$.

答题区

纠错笔记

48 已知随机变量 X,Y 以及 XY 的分布律如下：

X	0	1	2
p	$\frac{1}{2}$	$\frac{1}{3}$	$\frac{1}{6}$

，

Y	0	1	2
p	$\frac{1}{3}$	$\frac{1}{3}$	$\frac{1}{3}$

，

XY	0	1	2	4
p	$\frac{7}{12}$	$\frac{1}{3}$	0	$\frac{1}{12}$

.

(1) 求 $P\{X=2Y\}$.

答题区

纠错笔记

(2) 求 $\mathrm{Cov}(X-Y,Y)$，ρ_{XY}.

答题区

纠错笔记

49 设 A,B 为随机事件，且 $P(A)=\frac{1}{4}$，$P(B|A)=\frac{1}{3}$，$P(A|B)=\frac{1}{2}$，令 $X=\begin{cases}1, & A\text{ 发生}\\0, & A\text{ 不发生}\end{cases}$，$Y=\begin{cases}1, & B\text{ 发生}\\0, & B\text{ 不发生}\end{cases}$.

(1)求二维随机变量(X,Y)的概率分布.

答题区

纠错笔记

(2)求 X 与 Y 的相关系数.

答题区

纠错笔记

(3)求 $Z=X^2+Y^2$ 的概率分布.

答题区

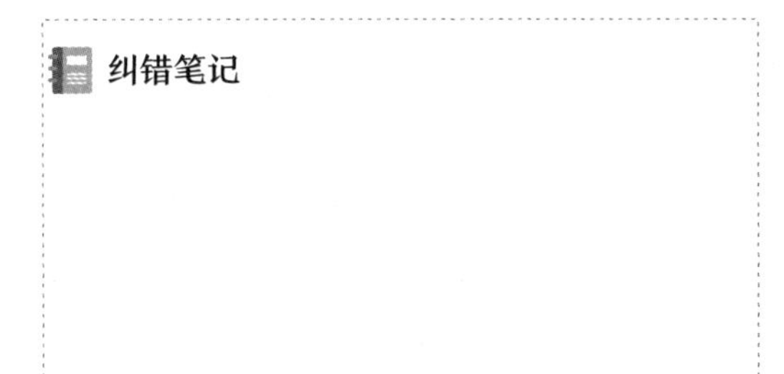

纠错笔记

50 设 A,B 为随机试验 E 的两个事件,且 $P(A)>0,P(B)>0$,并定义 $X=\begin{cases}1, & A\text{ 发生}\\0, & A\text{ 不发生}\end{cases}$,

$Y=\begin{cases}1, & B\text{ 发生}\\0, & B\text{ 不发生}\end{cases}$. 试证:若 $\rho_{XY}=0$,则 X 与 Y 相互独立.

答题区

纠错笔记

二、提高篇

1 设随机变量 X 与 Y 相互独立,且 $E(X)$ 与 $E(Y)$ 存在,记 $U=\max\{X,Y\}$,$V=\min\{X,Y\}$,则 $E(UV)=($　　$)$.

A. $E(U)\cdot E(V)$　B. $E(X)\cdot E(Y)$　C. $E(U)\cdot E(Y)$　D. $E(X)\cdot E(V)$

答题区

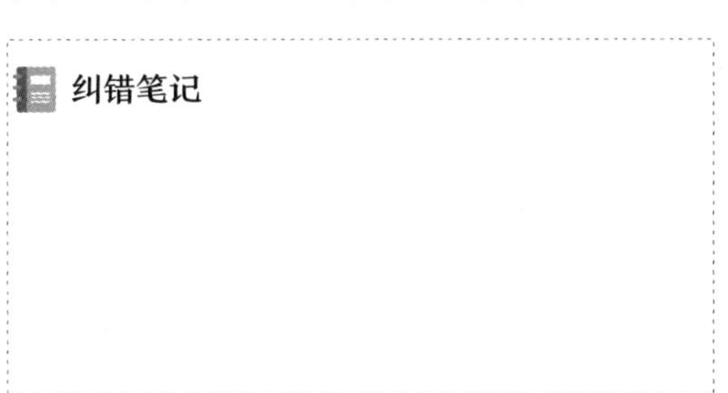

纠错笔记

2 设连续性随机变量 X_1 与 X_2 相互独立，且方差均存在，X_1 与 X_2 的概率密度分别为 $f_1(x)$ 与 $f_2(x)$，随机变量 Y_1 的概率密度为 $f_{Y_1}(y)=\frac{1}{2}[f_1(y)+f_2(y)]$，随机变量 $Y_2=\frac{1}{2}(X_1+X_2)$，则（　　）.

A. $EY_1>EY_2, DY_1>DY_2$　　B. $EY_1=EY_2, DY_1=DY_2$

C. $EY_1=EY_2, DY_1<DY_2$　　D. $EY_1=EY_2, DY_1>DY_2$

答题区

纠错笔记

3 设随机变量 X 的分布函数为 $F(x)=0.3\Phi(x)+0.7\Phi\left(\frac{x-1}{2}\right)$，其中 $\Phi(x)$ 为标准正态分布的分布函数，则 $E(X)=$（　　）.

A. 0　　B. 0.3　　C. 0.7　　D. 1

答题区

纠错笔记

4 设 X 是随机变量，$E(X)=\mu, D(X)=\sigma^2$（μ 为常数，$\sigma^2>0$），则对于任意的常数 C 必有（　　）.

A. $E(X-C)^2=E(X^2)-C^2$　　B. $E(X-C)^2=E(X-\mu)^2$

C. $E(X-C)^2<E(X-\mu)^2$　　D. $E(X-C)^2\geqslant E(X-\mu)^2$

答题区

纠错笔记

5 若随机变量 X 的概率分布为 $P\{X=k\}=\frac{C}{k!}(k=0,1,2,\cdots)$，则 $E(X^2)=$__________.

答题区

纠错笔记

6 若随机变量 X 服从区间 $[-1,1]$ 上的均匀分布，a 是区间 $[-1,1]$ 上的一个定点，Y 为点 x 到 a 的距离，且 X 与 Y 不相关，则 $a=$__________.

答题区

纠错笔记

7 已知随机变量 X_1,X_2,X_3 相互独立且均服从正态分布 $N(0,\sigma^2)$. 若随机变量 $Y=X_1X_2X_3$ 的方差 $D(Y)=\frac{1}{8}$，则 $\sigma^2=$__________.

答题区

纠错笔记

8 某流水线上每个产品不合格的概率均为 $p(0<p<1)$，各产品合格与否相互独立，当出现 1 个不合格产品时即停机检修. 设开机后第 1 次停机时已生产的产品个数为 X，求 X 的数学期望 $E(X)$.

答题区

纠错笔记

9 设随机变量 X 和 Y 分别服从正态分布 $N(1,3^2)$ 和 $N(0,4^2)$，且 X 与 Y 的相关系数 $\rho_{XY}=-\frac{1}{2}$，设 $Z=\frac{X}{3}+\frac{Y}{2}$.

(1) 求 Z 的数学期望 EZ 和方差 DZ.

(2) 求 X 与 Z 的相关系数 ρ_{XZ}.

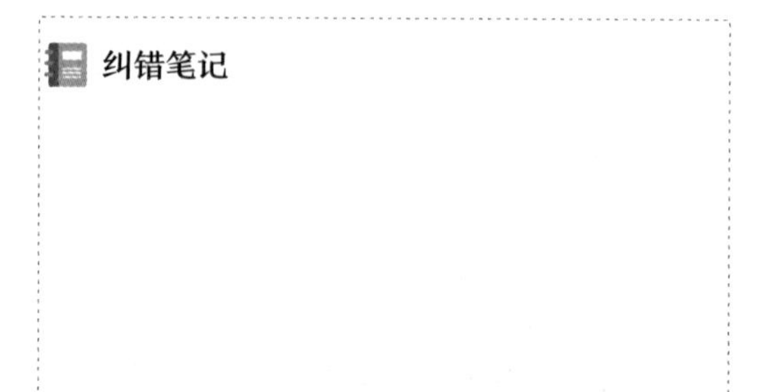

(3) 判断 X 与 Z 是否相互独立，并说明理由.

答题区

10 设某种产品每周的需求量 Q 取值为 1，2，3，4，5 是等可能的，生产每件产品的成本 $C_1=3$ 元，每件产品的售价 $C_2=9$ 元，没有售出的产品以每件 $C_3=1$ 元的费用存入仓库，求生产者每周生产多少件产品时能使所获得利润的期望最大.

答题区

11 一商店经销某种商品，假设每周进货量 X 与顾客的需求量 Y 是相互独立的随机变量，且都在[10,20]上服从均匀分布．商店每销售出一单位的商品可收入 1 000 元；若需求量超过了进货量，该商店可从其他商店调剂供应，每调剂一单位商品售出后可收入 500 元，求此商店每周的平均收入．

答题区

纠错笔记

12 设随机变量 X 的概率密度为 $f_X(x)=\begin{cases}\frac{1}{2}, & -1<x<0\\ \frac{1}{4}, & 0\leqslant x<2\\ 0, & \text{其他}\end{cases}$，令 $Y=X^2$，$F(x,y)$ 为二维随机变量 (X,Y) 的分布函数．

(1)求 Y 的概率密度函数 $f_Y(y)$．

答题区

纠错笔记

(2)求 $\mathrm{Cov}(X,Y)$．

答题区

纠错笔记

(3)求 $F\left(-\frac{1}{2},4\right)$．

答题区

纠错笔记

13 设随机变量 X 的密度函数为 $f(x)=\frac{1}{2}e^{-|x|}, x\in\mathbf{R}$,求下列问题:

(1) $E(X), D(X)$.

答题区

(2) 求 $\mathrm{Cov}(X,|X|)$,并判断 $X,|X|$ 是否相关.

答题区

(3) 判断 $X,|X|$ 是否独立.

答题区

14 假设随机变量 $X_1, X_2, \cdots, X_{10}$ 独立且具有相同的数学期望和方差,求随机变量 $U=X_1+\cdots+X_5+X_6$ 和 $V=X_5+X_6+\cdots+X_{10}$ 的相关系数 ρ.

答题区

15 设二维随机变量(X,Y)的联合密度函数为$f(x,y)=\frac{1}{2}[g(x,y)+h(x,y)]$，其中$g(x,y)$，$h(x,y)$都是二维正态变量的密度函数，且它们所对应的二维随机变量的相关系数分别为$\frac{1}{3}$和$-\frac{1}{3}$，它们的边缘密度函数所对应的随机变量的数学期望都是0，方差都是1.

(1)求随机变量X,Y的边缘密度函数$f_X(x)$，$f_Y(y)$，及它们的相关系数.

答题区

(2)随机变量X,Y是否独立.

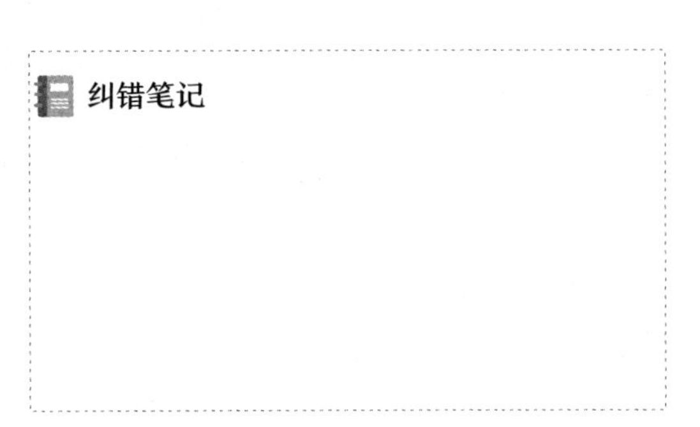

第五章　大数定律与中心极限定理

一、基础篇

1 设 $X_1,X_2,\cdots,X_n$ 是 n 个相互独立且同分布的随机变量，$E(X_i)=\mu,D(X_i)=8(i=1,2,\cdots,n)$，对于 $\overline{X}=\sum\limits_{i=1}^{n}\frac{X_i}{n}$，写出所需要的切比雪夫不等式（　　），并估计 $P\{|\overline{X}-\mu|<4\}\geqslant$（　　）.

A. $P\{|\overline{X}-\mu|\geqslant\varepsilon\}\leqslant\frac{8}{\varepsilon^2},P\{|\overline{X}-\mu|<4\}\geqslant1-\frac{1}{2n}$

B. $P\{|\overline{X}-\mu|\geqslant\varepsilon\}\leqslant\frac{8}{\varepsilon^2},P\{|\overline{X}-\mu|<4\}\geqslant1+\frac{1}{2n}$

C. $P\{|\overline{X}-\mu|\geqslant\varepsilon\}\leqslant\frac{8}{n\varepsilon^2},P\{|\overline{X}-\mu|<4\}\geqslant1-\frac{1}{2n}$

D. $P\{|\overline{X}-\mu|\geqslant\varepsilon\}\leqslant\frac{8}{n\varepsilon^2},P\{|\overline{X}-\mu|<4\}\geqslant1+\frac{1}{2n}$

答题区

纠错笔记

2 设 $X_1,X_2,\cdots$ 为相互独立具有相同分布的随机变量序列，且 $X_i(i=1,2,\cdots)$ 服从参数为 2 的指数分布，$\Phi(x)$ 为标准正态分布的分布函数，则下列选项中正确的是（　　）.

A. $\lim\limits_{n\to+\infty}P\left\{\frac{1}{\sqrt{n}}\left(\sum\limits_{i=1}^{n}X_i-n\right)\leqslant x\right\}=\Phi(x)$

B. $\lim\limits_{n\to+\infty}P\left\{\frac{1}{\sqrt{n}}\left(2\sum\limits_{i=1}^{n}X_i-n\right)\leqslant x\right\}=\Phi(x)$

C. $\lim\limits_{n\to+\infty}P\left\{\frac{1}{2\sqrt{n}}\left(\sum\limits_{i=1}^{n}X_i-2\right)\leqslant x\right\}=\Phi(x)$

D. $\lim\limits_{n\to+\infty}P\left\{\frac{1}{2\sqrt{n}}\left(2\sum\limits_{i=1}^{n}X_i-n\right)\leqslant x\right\}=\Phi(x)$

答题区

纠错笔记

3 设 $X_1,X_2,\cdots,X_n,\cdots$ 为独立同分布的随机变量序列，且均服从参数为 $\lambda(\lambda>1)$ 的泊松分布，记 $\Phi(x)$ 为标准正态分布的分布函数，则(　　).

A. $\lim\limits_{n\to\infty}P\left\{\dfrac{\sum\limits_{i=1}^{n}X_i-\lambda n}{\lambda\sqrt{n}}\leqslant x\right\}=\Phi(x)$　　B. $\lim\limits_{n\to\infty}P\left\{\dfrac{\sum\limits_{i=1}^{n}X_i-\lambda n}{\sqrt{n\lambda}}\leqslant x\right\}=\Phi(x)$

C. $\lim\limits_{n\to\infty}P\left\{\dfrac{\lambda\sum\limits_{i=1}^{n}X_i-n}{\sqrt{n}}\leqslant x\right\}=\Phi(x)$　　D. $\lim\limits_{n\to\infty}P\left\{\dfrac{\sum\limits_{i=1}^{n}X_i-\lambda}{\sqrt{n\lambda}}\leqslant x\right\}=\Phi(x)$

答题区

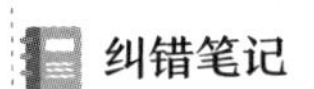
纠错笔记

4 设随机变量 X 和 Y 的数学期望是 2，方差分别为 1 和 4，而相关系数为 0.5，则根据切比雪夫不等式 $P\{|X-Y|\geqslant 6\}\leqslant$ ________.

答题区

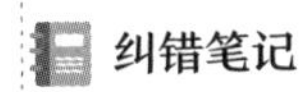
纠错笔记

5 设随机变量 X 的数学期望 $E(X)=11$，方差 $D(X)=9$，则根据切比雪夫不等式估计 $P\{2<X<20\}\geqslant$ ________.

答题区

纠错笔记

6 设随机变量 X 在$[-1,3]$上服从均匀分布，若由切比雪夫不等式有 $P\{|X-1|<\varepsilon\}\geqslant\dfrac{2}{3}$，则 $\varepsilon=$ ________.

答题区

纠错笔记

7 设随机变量 X,Y 分别服从正态分布 $N(1,1),N(0,1),E(XY)=-0.1$，则根据切比雪夫不等式估计 $P\{-4<X+2Y<6\}\geqslant$__________.

答题区

纠错笔记

8 设 Y_n 是 n 次伯努利试验中事件 A 出现的次数，p 为 A 在每次试验中出现的概率，则对任意 $\varepsilon>0$，有 $\lim\limits_{n\to\infty}P\left\{\left|\dfrac{Y_n}{n}-p\right|\geqslant\varepsilon\right\}=$__________.

答题区

纠错笔记

9 设总体 X 服从 $N(\mu,\sigma^2)$，$X_1,X_2,\cdots,X_n$ 为来自总体 X 的简单随机样本，则当 $n\to\infty$ 时，$Y_n=\dfrac{1}{n}\sum\limits_{i=1}^{n}X_i^2$ 依概率收敛于__________.

答题区

纠错笔记

10 根据经验，某种电器元件的寿命服从均值为 100 小时的指数分布，现随机抽取 16 只，设它们的寿命是相互独立的，求这 16 只元件寿命总和大于 1920 小时的概率.

答题区

11 某药厂断言,该厂生产的某种药品对于医治一种疑难的血液病的治愈率为 0.8,医院检验员任意抽查 100 个服用此药品的病人,若其中多于 75 人被治愈,则接受这一断言,否则就拒绝这一断言.

(1) 若实际上此药品对这种疾病的治愈率是 0.8,问接受这一断言的概率是多少?

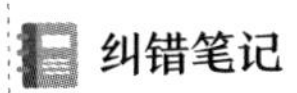

(2) 若实际上此药品对这种疾病的治愈率是 0.7,问接受这一断言的概率是多少?

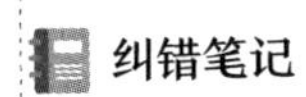

12 设 $X_1,X_2,\cdots,X_n$ 是相互独立且同分布的随机变量序列,$E(X_i)=\mu$,$D(X_i)=\sigma^2$ $(i=1,2,\cdots,n)$, 令 $Y_n=\dfrac{2}{n(n+1)}\sum\limits_{i=1}^{n}iX_i$, 证明:随机变量序列 $\{Y_n\}$ 依概率收敛于 μ.

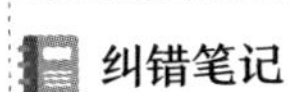

13 生产线生产的产品成箱包装,每箱的重量是随机的,假设每箱平均重 50 千克,标准差为 5 千克. 若用最大载重量为 5 吨的汽车承运,试利用中心极限定理说明每辆车最多可以装多少箱,才能保障不超载的概率大于 0.977. ($\Phi(2)=0.977$,其中 $\Phi(x)$ 是标准正态分布函数)

14 某车间有同型号车床 200 台，在生产期间由于需要检修、调换刀具、变换位置及调换工序等常需停工.假设每台车床的开工率为 0.6，开、关是相互独立的，且在开工时需电力 15 千瓦，问供应多少千瓦电力就能以 99.9%的概率保证该车间不会因供电不足而影响生产.

答题区

纠错笔记

第六章　数理统计的基本概念

一、基础篇

1 设 $X_1, X_2, \cdots, X_n (n \geqslant 2)$ 为来自正态总体 $N(\mu, \sigma^2)$ 的简单随机样本，其中 μ 已知，σ^2 未知，则不能做出统计量的是(　　).

A. $\frac{1}{n}\sum_{i=1}^{n} X_i$　　B. $\max_{1 \leqslant i \leqslant n}\{X_i\}$　　C. $\sum_{i=1}^{n}\left(\frac{X_i - \mu}{\sigma}\right)^2$　　D. $\frac{1}{n}\sum_{i=1}^{n}(X_i - \mu)^2$

答题区

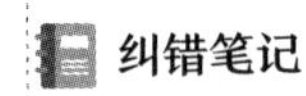

纠错笔记

2 设总体 $X \sim N(1, 2^2)$，$X_1, X_2, \cdots, X_n$ 为总体 X 的简单随机样本，则(　　).

A. $\frac{\overline{X}-1}{2} \sim N(0,1)$　　B. $\frac{\overline{X}-1}{4} \sim N(0,1)$

C. $\frac{\overline{X}-1}{2/\sqrt{n}} \sim N(0,1)$　　D. $\frac{\overline{X}-1}{\sqrt{2}} \sim N(0,1)$

答题区

纠错笔记

3 设 $X_1, X_2, \cdots, X_n$ 为来自总体 $N(0, \sigma^2)$ 的样本，则样本二阶原点矩 $A_2 = \frac{1}{n}\sum_{i=1}^{n} X_i^2$ 的方差为(　　).

A. σ^2　　B. $\frac{\sigma^2}{n}$　　C. $\frac{2\sigma^4}{n}$　　D. $\frac{\sigma^4}{n}$

答题区

纠错笔记

4 设随机变量 X 和 Y 都服从标准正态分布，则(　　).

A. $X+Y$ 服从正态分布　　B. X^2+Y^2 服从 χ^2 分布

C. X^2 和 Y^2 都服从 χ^2 分布　　D. $\dfrac{X^2}{Y^2}$服从 F 分布

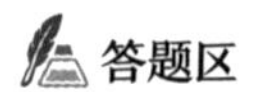

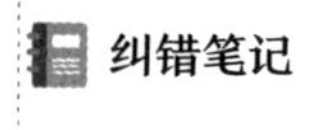

5 设总体 $X\sim B(1,p)$，$X_1,X_2,\cdots,X_n$ 是来自总体的样本，$\overline{X}$ 为样本均值，则 $P\left\{\overline{X}=\dfrac{k}{n}\right\}=$(　　).

A. p　　B. $p^k(1-p)^{n-k}$

C. $C_n^k p^k(1-p)^{n-k}$　　D. $C_n^k p^{n-k}(1-p)^k$

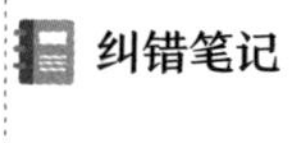

6 设 X_1,X_2,X_3,X_4 为来自总体 $N(1,\sigma^2)(\sigma>0)$ 的简单随机样本，则统计量$\dfrac{X_1-X_2}{|X_3+X_4-2|}$的分布为(　　).

A. $N(0,1)$　　B. $t(1)$　　C. $\chi^2(1)$　　D. $F(1,1)$

答题区

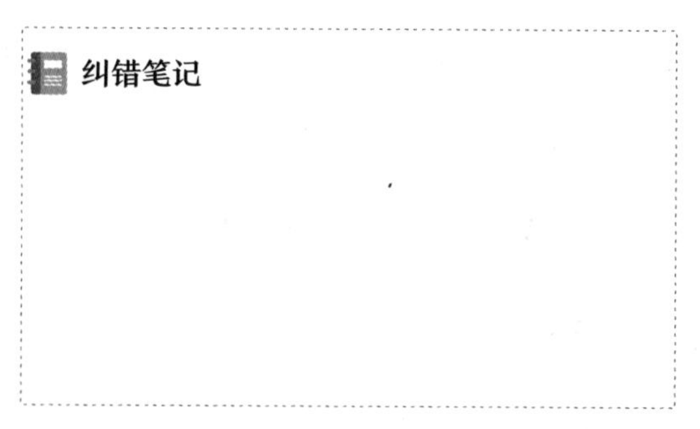

7 设 $X_1,X_2,\cdots,X_{16}$ 是来自正态总体 $N(2,\sigma^2)$ 的一个样本，$\overline{X}=\dfrac{1}{16}\sum\limits_{i=1}^{16}X_i$，则 $\dfrac{4\overline{X}-8}{\sigma}$ 服从(　　).

A. $t(15)$　　B. $t(16)$　　C. $\chi^2(15)$　　D. $N(0,1)$

答题区

纠错笔记

8 设 $X_1,X_2,\cdots,X_n(n\geqslant 2)$ 为来自正态总体 $N(0,1)$ 的简单随机样本，$\overline{X}$ 是样本均值，S^2 为样本方差，则(　　).

A. $n\overline{X}\sim N(0,1)$　　B. $nS^2\sim\chi^2(n)$

C. $\dfrac{(n-1)\overline{X}}{S}\sim t(1)$　　D. $\dfrac{(n-1)X_1^2}{\sum\limits_{i=2}^{n}X_i^2}\sim F(1,n-1)$

答题区

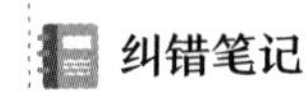纠错笔记

9 设 $X_1,X_2,\cdots,X_n$ 为来自正态总体 $N(\mu,\sigma^2)$ 的简单随机样本，$\overline{X}$ 是样本均值，记

$S_1^2=\dfrac{1}{n-1}\sum\limits_{i=1}^{n}(X_i-\overline{X})^2$，$S_2^2=\dfrac{1}{n}\sum\limits_{i=1}^{n}(X_i-\overline{X})^2$，$S_3^2=\dfrac{1}{n-1}\sum\limits_{i=1}^{n}(X_i-\mu)^2$，

$S_4^2=\dfrac{1}{n}\sum\limits_{i=1}^{n}(X_i-\mu)^2$，则服从自由度为 $n-1$ 的 t 分布的随机变量是(　　).

A. $t=\dfrac{\overline{X}-\mu}{S_1/\sqrt{n}}$　　B. $t=\dfrac{\overline{X}-\mu}{S_2/\sqrt{n-1}}$　　C. $t=\dfrac{\overline{X}-\mu}{S_3/\sqrt{n}}$　　D. $t=\dfrac{\overline{X}-\mu}{S_4/\sqrt{n}}$

答题区

纠错笔记

10 设总体 X 的概率密度为 $f(x;\theta)=\begin{cases}\dfrac{2x}{3\theta^2}, & \theta<x<2\theta\\ 0, & 其他\end{cases}$，其中 θ 是未知参数，$X_1,X_2,\cdots,X_n$ 为来自总体 X 的简单样本，若 $E\left(c\sum_{i=1}^{n}X_i^2\right)=\theta^2$，则 $c=$________.

答题区

纠错笔记

11 设 $X_1,X_2,\cdots,X_n$ 来自总体 $N(0,\sigma^2)$，且随机变量 $Y=C\left(\sum_{i=1}^{n}X_i\right)^2\sim\chi^2(1)$，则常数 $C=$________.

答题区

纠错笔记

12 设 $X_1,X_2,\cdots,X_n$ 为来自总体 $\chi^2(n)$ 的分布，则 $E(\overline{X})=$________，$D(\overline{X})=$________.

答题区

纠错笔记

13 设随机变量 $X\sim t(n)$，对于给定的 $0<\alpha<1$，$P\{X>t_\alpha(n)\}=\alpha$，若 $P\{|X|\leqslant x\}=\alpha$，则 $x=$________.

答题区

纠错笔记

14 设 $\overline{X}$ 和 S^2 分别为来自正态总体 $N(0,\sigma^2)$ 的样本均值和样本方差，样本容量为 n，则 $\dfrac{\sqrt{n}\,\overline{X}}{S}\sim$______，$\dfrac{n\,(\overline{X})^2}{S^2}\sim$______.

答题区

纠错笔记

15 设 $(X_1,X_2,\cdots,X_{10})$ 为来自总体 $N(0,4)$ 的一个样本，$Y=aX_1^2+b\,(X_2+X_3)^2+c(X_4+X_5+X_6)^2+d\,(X_7+X_8+X_9+X_{10})^2$，当常数 $a=$______，$b=$______，$c=$______，$d=$______时，$Y\sim\chi^2(4)$.

答题区

纠错笔记

16 设 X_1,X_2,X_3,X_4 是来自正态总体 $N(0,2^2)$ 的简单随机样本，$X=a\,(X_1-2X_2)^2+b(3X_3-4X_4)^2$（其中 $ab\neq0$），则当 $a=$______，$b=$______时，统计量 X 服从 χ^2 分布，其自由度为______.

答题区

纠错笔记

17 设随机变量 X 和 Y 相互独立，且都服从正态分布 $N(0,3^2)$，而 $X_1,X_2,\cdots,X_9$ 和 $Y_1,Y_2,\cdots,Y_9$ 分别是来自总体 X 和 Y 的简单随机样本，则统计量 $U=\dfrac{X_1+X_2+\cdots+X_9}{\sqrt{Y_1^2+Y_2^2+\cdots+Y_9^2}}$ 服从________分布，参数为________.

答题区

纠错笔记

18 设总体 X 服从正态分布 $N(0,2^2)$，而 $X_1,X_2,\cdots,X_{15}$ 是来自总体 X 的简单随机样本，则随机变量 $Y=\dfrac{X_1^2+\cdots+X_{10}^2}{2(X_{11}^2+\cdots+X_{15}^2)}$ 服从________分布，参数为________.

答题区

纠错笔记

19 设随机变量 X 服从自由度为 (n,n) 的 F 分布，已知 $P\{X>\alpha\}=0.05$，则 $P\left\{X>\dfrac{1}{\alpha}\right\}=$________.

答题区

纠错笔记

20 设 $\overline{X}$ 为总体 $X\sim N(3,4)$ 中抽取的样本 (X_1,X_2,X_3,X_4) 的均值，则 $P\{-1<\overline{X}<5\}=$________.

答题区

纠错笔记

21 在天平上重复称量一重为 a 的物品，假设各次称量结果相互独立且均服从正态分布 $N(a,0.2^2)$，若以 $\overline{X}_n$ 表示 n 次称量结果的算术平均值，则要使 $P\{|\overline{X}_n-a|<0.1\}\geqslant 0.95$，$n$ 的最小值应不小于自然数________.

纠错笔记

22 设总体 X 服从正态分布 $N(\mu_1,\sigma^2)$，总体 Y 服从正态分布 $N(\mu_2,\sigma^2)$，$X_1,X_2,\cdots,X_{n_1}$ 和 $Y_1,Y_2,\cdots,Y_{n_2}$ 分别是来自总体 X 和 Y 的简单随机样本，则 $E\left[\dfrac{\sum\limits_{i=1}^{n_1}(X_i-\overline{X})^2+\sum\limits_{j=1}^{n_2}(Y_j-\overline{Y})^2}{n_1+n_2-2}\right]=$________.

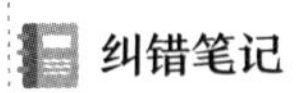

23 设 $X_1,X_2,\cdots,X_n$ 是来自二项分布总体 $X\sim B(n,p)$ 的简单随机样本，记 $\overline{X}=\dfrac{1}{n}\sum\limits_{i=1}^{n}X_i$，$S^2=\dfrac{1}{n-1}\sum\limits_{i=1}^{n}(X_i-\overline{X})^2$，$T=\overline{X}-S^2$，则 $E(T)=$________.

24 设 2 500 个同一年龄段和同一社会阶层的人参加了某保险公司的人寿保险，假设在一年中每个人死亡的概率为 0.002，每个人在年初交纳保费 120 元，而死亡时家属可以从保险公司领到 20 000 元的赔偿金，问：

(1) 保险公司亏本的概率.

(2) 保险公司获利不少于 100 000 元的概率.

25 在总体 $N(12,4)$ 中随机抽取一个容量为 5 的样本 X_1,X_2,X_3,X_4,X_5.

(1) 求样本均值与总体平均值之差的绝对值大于 1 的概率.

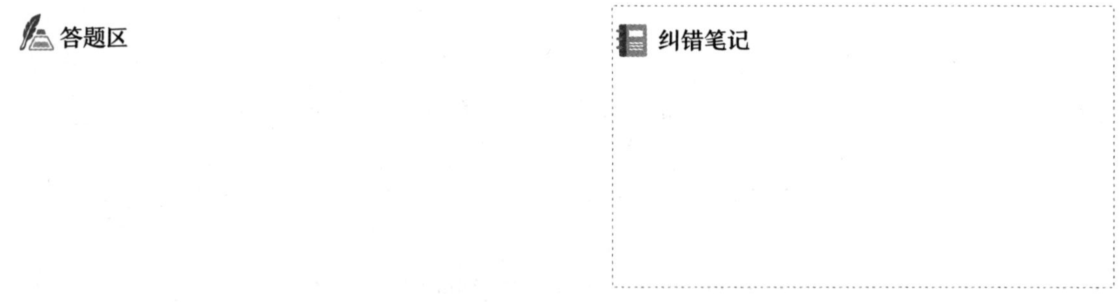

(2) 求概率 $P\{\max\{X_1,X_2,X_3,X_4,X_5\}>15\}$.

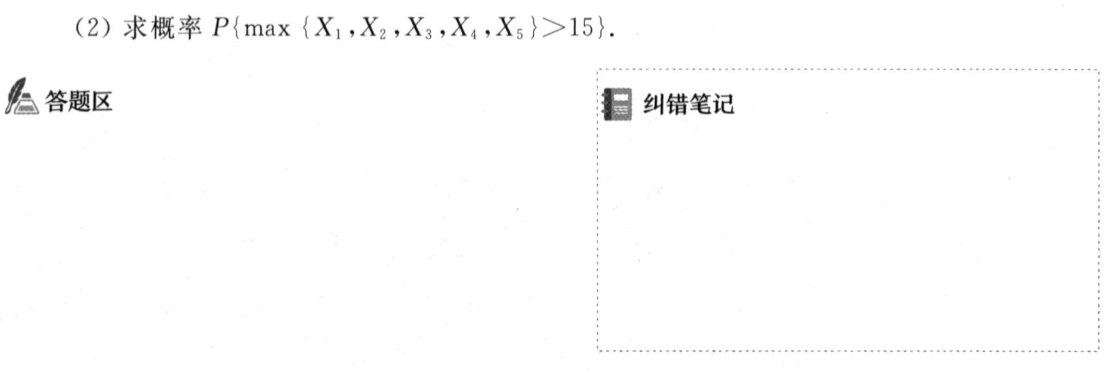

(3) 求概率 $P\{\min\{X_1, X_2, X_3, X_4, X_5\} < 10\}$.

答题区

纠错笔记

二、提高篇

1 设 $X_1, X_2, \cdots, X_n$ 是来自总体 X 的简单随机样本，$\overline{X} = \frac{1}{n}\sum_{i=1}^{n} X_i$，则对任意的常数 C，有（　　）.

A. $\sum_{i=1}^{n}(X_i - C)^2 = \sum_{i=1}^{n} X_i^2 + C^2$　　B. $\sum_{i=1}^{n}(X_i - C)^2 < \sum_{i=1}^{n}(X_i - \overline{X})^2$

C. $\sum_{i=1}^{n}(X_i - C)^2 = \sum_{i=1}^{n}(X_i - \overline{X})^2$　　D. $\sum_{i=1}^{n}(X_i - C)^2 \geqslant \sum_{i=1}^{n}(X_i - \overline{X})^2$

答题区

纠错笔记

2 设 $X_1, X_2, \cdots, X_n$ 为来自正态总体 $N(\mu, \sigma^2)$ 的简单随机样本，$\overline{X}$ 是样本均值，S^2 为样本方差，则可以得出服从自由度为 n 的 χ^2 分布的随机变量是（　　）.

A. $\frac{\overline{X}^2}{\sigma^2} + \frac{(n-1)S^2}{\sigma^2}$　　B. $\frac{\overline{nX}^2}{\sigma^2} + \frac{(n-1)S^2}{\sigma^2}$

C. $\frac{(\overline{X}-\mu)^2}{\sigma^2} + \frac{(n-1)S^2}{\sigma^2}$　　D. $\frac{n(\overline{X}-\mu)^2}{\sigma^2} + \frac{(n-1)S^2}{\sigma^2}$

答题区

纠错笔记

3 设 $X_1, X_2, \cdots, X_n$ 是来自正态总体 $N(\mu, \sigma^2)$ 的一个简单随机样本，$\overline{X}$ 为样本均值，当 $C=$ ________ 时，统计量 $T=C(X_n-\overline{X})^2$ 服从 χ^2 分布.

答题区

纠错笔记

4 设总体 X 的概率密度函数为 $f(x)=\frac{1}{2}e^{-|x|}, x\in\mathbf{R}$，$X_1, X_2, \cdots, X_n$ 为总体 X 的简单随机样本，$S^2=\frac{1}{n-1}\sum_{i=1}^{n}(X_i-\overline{X})^2$ 为样本方差，则 $ES^2=$ ________.

答题区

纠错笔记

5 设总体 $X\sim N(\mu, \sigma^2)$，$X_1, X_2, \cdots, X_{2n}$ 为总体 X 的简单随机样本，$\overline{X}=\frac{1}{2n}\sum_{i=1}^{2n}X_i$，试求统计量 $Y=\sum_{i=1}^{n}(X_i+X_{n+i}-2\overline{X})^2$ 的数学期望.

答题区

纠错笔记

6 设 $X_1, X_2, \cdots, X_9$ 是来自正态总体 X 的简单随机样本，$Y_1=\frac{1}{6}(X_1+\cdots+X_6)$，$Y_2=\frac{1}{3}(X_7+X_8+X_9)$，$S_1^2=\frac{1}{2}\sum_{i=7}^{9}(X_i-Y_2)^2$，$Z=\frac{\sqrt{2}(Y_1-Y_2)}{S_1}$. 证明：统计量 Z 服从自由度为 2 的 t 分布.

答题区

纠错笔记

7 设 $X_1, X_2, \cdots, X_n (n>2)$ 为来自总体 $N(0,1)$ 的简单随机样本，$\overline{X}$ 为样本均值，记 $Y_i = X_i - \overline{X}, i=1,2,\cdots,n$. 求：

(1) Y_i 的方差 $DY_i, i=1,2,\cdots,n$.

答题区

纠错笔记

(2) Y_1 与 Y_n 的协方差 $\mathrm{Cov}(Y_1, Y_n)$.

答题区

第七章　点估计

一、基础篇

1 设总体 X 的概率密度为 $f(x)=\begin{cases}\theta(1-x)^{\theta-1}, & 0<x<1\\ 0, & \text{其他}\end{cases}$,则 θ 的矩法估计量为(　　).

A. $\dfrac{1}{\overline{X}}$　　B. $\dfrac{1}{\overline{X}}-1$　　C. $\overline{X}$　　D. $2\overline{X}$

答题区

纠错笔记

2 已知 X 服从正态分布 $N(\mu,\sigma^2)$,$(x_1,x_2,\cdots,x_n)$为 X 的一组样本观察值,则 μ,σ^2 的极大似然估计值分别是(　　).

A. $\bar{x}$, $\dfrac{1}{n}\sum\limits_{i=1}^{n}(x_i-\bar{x})^2$　　B. $\bar{x}$, $\dfrac{1}{n-1}\sum\limits_{i=1}^{n}(x_i-\bar{x})^2$

C. $2\bar{x}$, $\dfrac{1}{n}\sum\limits_{i=1}^{n}(x_i-\bar{x})^2$　　D. $2\bar{x}$, $\dfrac{1}{n-1}\sum\limits_{i=1}^{n}(x_i-\bar{x})^2$

答题区

纠错笔记

3 设 $X_1,X_2,\cdots,X_n$ 是取自服从几何分布的总体 X 的一个样本,总体的分布律为 $P\{X=k\}=p(1-p)^{k-1}$,$k=1,2,\cdots$,其中 p 未知,$0<p<1$,则 p 的矩估计量为________.

答题区

纠错笔记

4 设总体 X 在区间$[0,\theta]$上服从均匀分布，则未知参数 θ 的矩法估计量为__________.

纠错笔记

5 设总体 X 具有概率密度 $f(x;\theta)=\begin{cases}\dfrac{2}{\theta^2}(\theta-x), & 0<x<\theta\\ 0, & \text{其他}\end{cases}$，参数 θ 未知，则 θ 的矩估计量是__________.

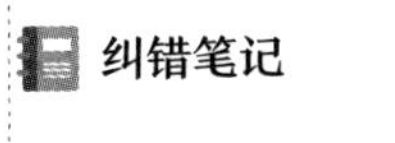

6 设总体 X 服从几何分布，其分布律为 $P\{X=x\}=p(1-p)^{x-1}$，$x=1,2,\cdots$，则参数 $p(0<p<1)$ 的最大似然估计量是__________.

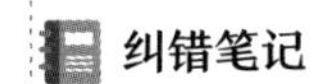

7 设总体 X 的分布律为

X	1	2	3
p	θ^2	$1-\theta-2\theta^2$	$\theta^2+\theta$

，

其中 θ 为未知参数. 现抽得一个样本为 2,3,2,1,3,1,2,3,3，求 θ 的矩估计值.

8 设总体 X 的概率分布为

X	0	1	2	3
p	θ^2	$2\theta(1-\theta)$	θ^2	$1-2\theta$

，

其中 $\theta(0<\theta<0.5)$ 是未知参数，利用总体 X 的样本值：3，1，3，0，3，1，2，3，求 θ 的矩估计值和最大似然估计值.

答题区

纠错笔记

9 已知总体 X 的概率密度为 $f(x;\theta)=\begin{cases}(\theta+2)x^{\theta+1}, & 0\leqslant x\leqslant 1\\ 0, & \text{其他}\end{cases}$，其中 $\theta(\theta>0)$ 为未知参数. 若 $X_1,X_2,\cdots,X_n$ 是取自总体 X 的一个样本，试求参数 θ 的矩估计量.

答题区

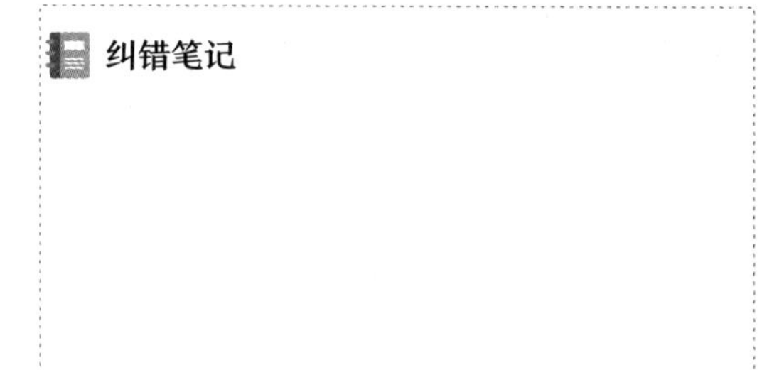

纠错笔记

10 设 $x_1,x_2,\cdots,x_n$ 是取自总体 X 的一个样本值，且 X 服从参数为 λ 的泊松分布，求未知参数 λ 的最大似然估计量.

答题区

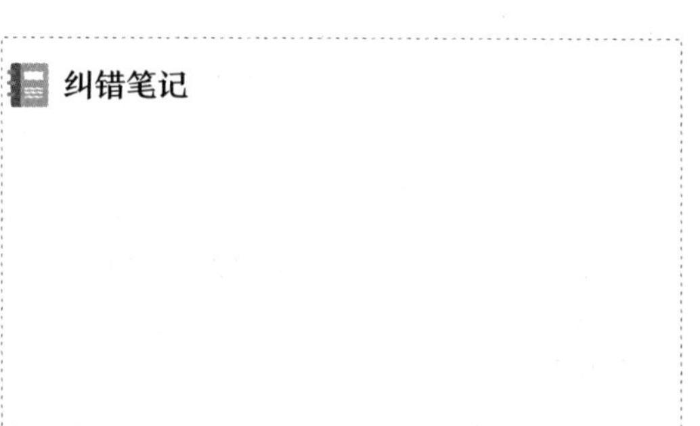

纠错笔记

11 设总体 X 的分布函数为 $F(x;\theta)=\begin{cases}1-\mathrm{e}^{-\frac{x^2}{\theta}}, & x\geqslant 0\\ 0, & x<0\end{cases}$,其中 θ 是未知参数且大于零,X_1,X_2,…,X_n 为来自总体 X 的简单随机样本.

(1) 求 $E(X)$,$E(X^2)$.

答题区

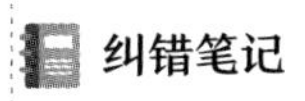纠错笔记

(2) 求 θ 的最大似然估计量 $\widehat{\theta}_n$.

答题区

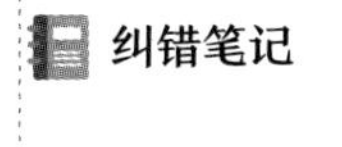纠错笔记

12 设总体 X 的概率密度为 $f(x,\theta)=\begin{cases}\dfrac{1}{1-\theta}, & \theta\leqslant x\leqslant 1\\ 0, & \text{其他}\end{cases}$,其中 θ 为未知参数,X_1,X_2,…,X_n 为来自该总体的简单随机样本.

(1) 求 θ 的矩估计量.

答题区

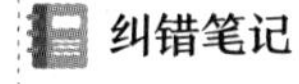纠错笔记

(2) 求 θ 的最大似然估计量.

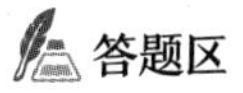答题区

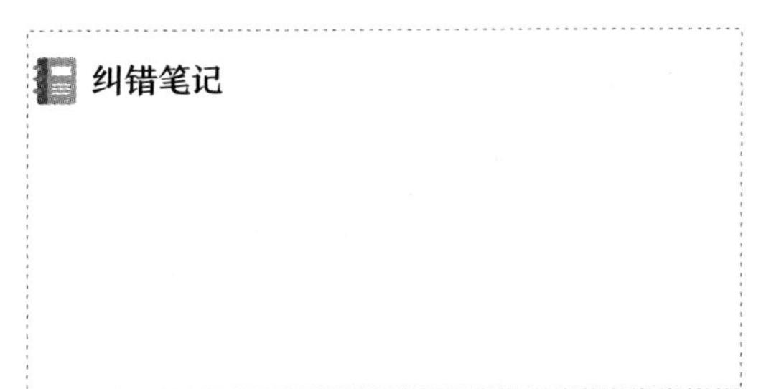纠错笔记

13 设总体 X 的概率密度为 $f(x)=\begin{cases}\lambda^2 x e^{-\lambda x}, & x>0\\ 0, & 其他\end{cases}$，其中参数 $\lambda(\lambda>0)$ 未知，$X_1,X_2,\cdots,X_n$ 是来自总体 X 的简单随机样本.

(1) 求参数 λ 的矩估计量.

 答题区

纠错笔记

(2) 求参数 λ 的最大似然估计量.

 答题区

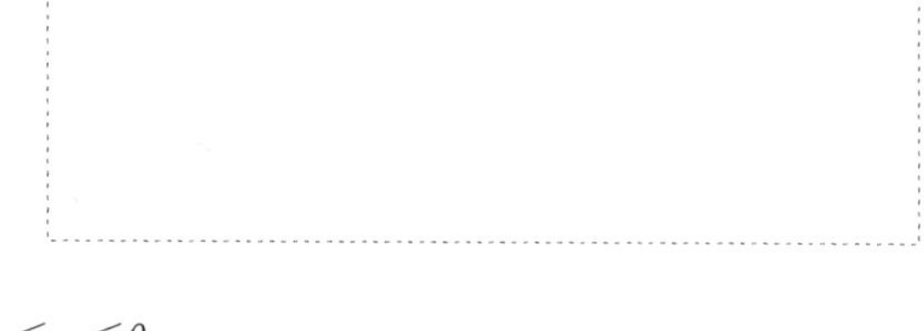
纠错笔记

14 设 X 的概率密度为 $f(x)=\begin{cases}\dfrac{6x}{\theta^3}(\theta-x), & 0<x<\theta\\ 0, & 其他\end{cases}$，$X_1,X_2,\cdots,X_n$ 是取自总体 X 的简单随机样本.

(1) 求 θ 的矩估计量 $\hat{\theta}$.

 答题区

纠错笔记

(2)求 $\hat{\theta}$ 的方差 $D(\hat{\theta})$.

 答题区

纠错笔记

15 设 $X_1,X_2,\cdots,X_n$ 为总体的一个样本,求下列各总体的密度函数或分布律中的未知参数的矩估计量和极大似然估计量.

(1) $f(x)=\begin{cases}\theta c^{\theta}x^{-(\theta+1)}, & x>c\\ 0, & \text{其他}\end{cases}$,其中 $c>0$ 为已知,$\theta>1$,且 θ 为未知参数.

答题区

纠错笔记

(2) $f(x)=\begin{cases}\sqrt{\theta}x^{\sqrt{\theta}-1}, & 0\leqslant x\leqslant 1\\ 0, & \text{其他}\end{cases}$,其中 $\theta>0$,θ 为未知参数.

答题区

纠错笔记

(3) $P\{X=x\}=C_m^x\,p^x\,(1-p)^{m-x}$,$x=0,1,2,\cdots,m$,$0<p<1$,$p$ 为未知参数.

答题区

纠错笔记

16 设 $X_1,X_2,\cdots,X_n$ 来自总体 X 的一个样本,总体 X 的均值 μ 及方差 σ^2 都存在,且 $\sigma^2>0$. 试求总体 X 的均值 μ 和方差 σ^2 的矩估计量.

答题区

纠错笔记

17 设总体 X 服从区间$[a,b]$上的均匀分布，其中参数 a,b 未知，$X_1,X_2,\cdots,X_n$ 是来自 X 的一个样本.求：

(1) 参数 a,b 的矩估计.

答题区

(2) 参数 a,b 的最大似然估计.

答题区

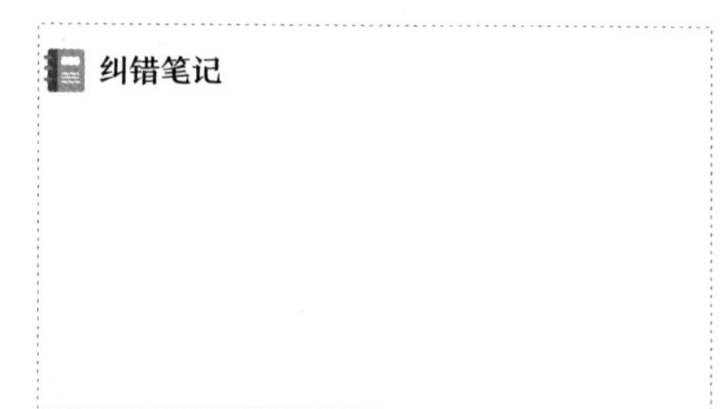

18 设总体 X 的分布密度 $f(x;\theta)$ 为 $f(x;\theta)=\begin{cases}\theta e^{-\theta x}, & x\geqslant 0\\ 0, & x<0\end{cases}(\theta>0)$，从 X 中抽取 10 个样本，得到如下数据：

1050,1100,1080,1200,1300,1250,1340,1060,1150,1150,

试用最大似然估计法估计未知参数 θ.

答题区

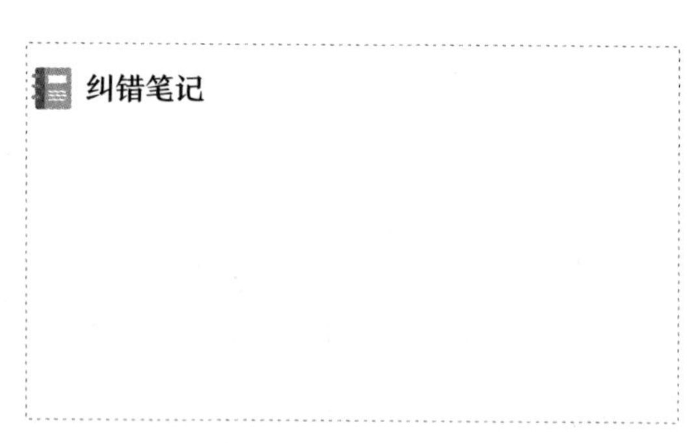

仅数学一考查内容

1 设 $X_1,X_2,\cdots,X_n$ 和 $Y_1,Y_2,\cdots,Y_m$ 分别是来自总体 $X\sim N(\mu,1)$ 和 $Y\sim N(\mu,2^2)$ 的两个样本，μ 的一个无偏估计为 $T=a\sum\limits_{i=1}^{n}X_i+b\sum\limits_{j=1}^{m}Y_j$，则下列选项中，能使 T 最有效的是(　　).

A. $a=\dfrac{1}{4n+m},b=\dfrac{1}{4n+m}$　　B. $a=\dfrac{1}{4n+m},b=\dfrac{4}{4n+m}$

C. $a=\dfrac{4}{4n+m},b=\dfrac{1}{4n+m}$　　D. $a=\dfrac{4}{4n+m},b=\dfrac{4}{4n+m}$

答题区

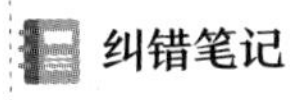
纠错笔记

2 设 n 个随机变量 $X_1,X_2,\cdots,X_n$ 独立同分布，$D(X_1)=\sigma^2$，$\overline{X}=\dfrac{1}{n}\sum\limits_{i=1}^{n}X_i$，

$S^2=\dfrac{1}{n-1}\sum\limits_{i=1}^{n}(X_i-\overline{X})^2$，则(　　).

A. S 是 σ 的无偏估计量　　B. S 是 σ 的极大似然估计量

C. S 是 σ 的一致估计量　　D. S 与 $\overline{X}$ 相互独立

答题区

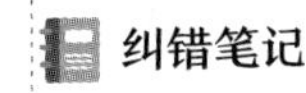
纠错笔记

3 设总体 $X\sim N(\mu,\sigma^2)$，其中 σ^2 已知，则总体均值 μ 的置信区间长度 L 与置信度 $1-\alpha$ 的关系是(　　).

A. 当 $1-\alpha$ 缩小时，L 缩短　　B. 当 $1-\alpha$ 缩小时，L 增大

C. 当 $1-\alpha$ 缩小时，L 不变　　D. 以上说法均不正确

答题区

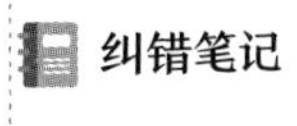
纠错笔记

4 设总体 $X\sim N(\mu,\sigma^2)$，其中，μ 未知，σ^2 已知，为使总体均值 μ 的置信度为 $1-\alpha$ 的置信区间的长度不大于 L，则样本容量 n 至少应取（　　）.

A. $n\geqslant\left[\frac{(z_{\frac{\alpha}{2}}\sigma)^2}{L^2}\right]$，$[x]$为取整函数

B. $n^2\geqslant\left[\frac{(z_{\frac{\alpha}{2}}\sigma)^2}{L^2}\right]$，$[x]$为取整函数

C. $n\geqslant\left[4\frac{(z_{\frac{\alpha}{2}}\sigma)^2}{L^2}\right]$，$[x]$为取整函数

D. $n^2\geqslant\left[4\frac{(z_{\frac{\alpha}{2}}\sigma)^2}{L^2}\right]$，$[x]$为取整函数

答题区

纠错笔记

5 设总体 $X\sim N(\mu,\sigma^2)$，σ^2 已知，而 μ 为未知参数，$X_1,X_2,\cdots,X_n$ 为样本，记 $\overline{X}=\frac{1}{n}\sum_{i=1}^{n}X_i$，又 $\Phi(x)$表示标准正态分布的分布函数，已知 $\Phi(1.96)=0.975$，$\Phi(1.28)=0.900$，则 μ 的置信水平为 0.95 的置信区间是（　　）.

A. $\left(\overline{X}-0.975\times\frac{\sigma}{\sqrt{n}},\overline{X}+0.975\times\frac{\sigma}{\sqrt{n}}\right)$

B. $\left(\overline{X}-1.96\times\frac{\sigma}{\sqrt{n}},\overline{X}+1.96\times\frac{\sigma}{\sqrt{n}}\right)$

C. $\left(\overline{X}-1.28\times\frac{\sigma}{\sqrt{n}},\overline{X}+1.28\times\frac{\sigma}{\sqrt{n}}\right)$

D. $\left(\overline{X}-0.90\times\frac{\sigma}{\sqrt{n}},\overline{X}+0.90\times\frac{\sigma}{\sqrt{n}}\right)$

答题区

纠错笔记

6 设总体 $X\sim N(\mu,\sigma^2)$，其中，σ^2 已知，μ 为未知参数，$X_1,X_2,\cdots,X_n$ 为样本，记 $\overline{X}=\frac{1}{n}\sum_{i=1}^{n}X_i$，则 $\left(\overline{X}-z_{0.025}\times\frac{\sigma}{\sqrt{n}},\overline{X}+z_{0.025}\times\frac{\sigma}{\sqrt{n}}\right)$为 μ 的区间，其置信水平为（　　）.

A. 0.95　　B. 0.90　　C. 0.975　　D. 0.05

答题区

纠错笔记

7 设总体 $X\sim N(\mu,\sigma^2)$，而 μ,σ^2 为未知参数，$X_1,X_2,\cdots,X_n$ 为样本，记 $\overline{X}=\frac{1}{n}\sum_{i=1}^{n}X_i$，$S_n^2=\frac{1}{n}\sum_{i=1}^{n}(X_i-\overline{X})^2$，则 μ 的置信水平为 $1-\alpha$ 的置信区间是（　　）.

A. $\left(\overline{X}-t_{\frac{\alpha}{2}}(n-1)\times\frac{S_n}{\sqrt{n}},\overline{X}+t_{\frac{\alpha}{2}}(n-1)\times\frac{S_n}{\sqrt{n}}\right)$

B. $\left(\overline{X}-t_{\frac{\alpha}{2}}(n-1)\times\frac{S_n}{\sqrt{n-1}},\overline{X}+t_{\frac{\alpha}{2}}(n-1)\times\frac{S_n}{\sqrt{n-1}}\right)$

C. $\left(\overline{X}-t_{\frac{\alpha}{2}}(n-1)\times\frac{\sigma}{\sqrt{n}},\overline{X}+t_{\frac{\alpha}{2}}(n-1)\times\frac{\sigma}{\sqrt{n}}\right)$

D. $\left(\overline{X}-t_{\frac{\alpha}{2}}(n-1)\times\frac{\sigma}{\sqrt{n-1}},\overline{X}+t_{\frac{\alpha}{2}}(n-1)\times\frac{\sigma}{\sqrt{n-1}}\right)$

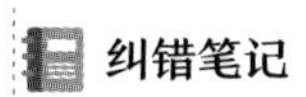

8 设一批零件的长度服从正态分布 $N(\mu,\sigma^2)$，其中 μ,σ^2 均未知. 现从中随机抽取 16 个零件，测得样本均值 $\bar{x}=20$ cm，样本标准差 $s=1$ cm，则 μ 的置信度为 0.90 的置信区间是（　　）.

A. $\left(20-\frac{1}{4}t_{0.05}(16),20+\frac{1}{4}t_{0.05}(16)\right)$

B. $\left(20-\frac{1}{4}t_{0.1}(16),20+\frac{1}{4}t_{0.1}(16)\right)$

C. $\left(20-\frac{1}{4}t_{0.05}(15),20+\frac{1}{4}t_{0.05}(15)\right)$

D. $\left(20-\frac{1}{4}t_{0.1}(15),20+\frac{1}{4}t_{0.1}(15)\right)$

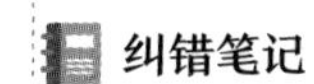

9 设 $X_1,X_2,\cdots,X_n$ 是来自正态总体 $X\sim N(\mu_0,\sigma^2)$ 的简单随机样本，则 σ^2 的置信水平为 $1-\alpha$ 的置信区间为（　　）（其中 μ_0 为已知常数）.

A. $\left(\dfrac{1}{\chi^2_{\alpha/2}(n)}\sum\limits_{i=1}^{n}(X_i-\mu_0)^2,\dfrac{1}{\chi^2_{1-\alpha/2}(n)}\sum\limits_{i=1}^{n}(X_i-\mu_0)^2\right)$

B. $\left(\dfrac{1}{\chi^2_{1-\alpha/2}(n)}\sum\limits_{i=1}^{n}(X_i-\mu_0)^2,\dfrac{1}{\chi^2_{\alpha/2}(n)}\sum\limits_{i=1}^{n}(X_i-\mu_0)^2\right)$

C. $\left(\dfrac{1}{z_{\alpha/2}(n)}\sum\limits_{i=1}^{n}(X_i-\mu_0)^2,\dfrac{1}{z_{1-\alpha/2}(n)}\sum\limits_{i=1}^{n}(X_i-\mu_0)^2\right)$

D. $\left(\dfrac{1}{z_{1-\alpha/2}(n)}\sum\limits_{i=1}^{n}(X_i-\mu_0)^2,\dfrac{1}{z_{\alpha/2}(n)}\sum\limits_{i=1}^{n}(X_i-\mu_0)^2\right)$

答题区

纠错笔记

10 假设某种批量生产的配件的内径 X 服从正态分布 $N(\mu,\sigma^2)$，若随机抽取 16 个配件，测得平均内径为 3.05 mm，样本标准差为 0.16 mm，则 μ 的置信水平为 0.95 的置信区间是__________.

答题区

纠错笔记

11 设总体 X 服从泊松分布 $p(\lambda)$，其中 $\lambda>0$，$X_1,X_2,\cdots,X_n$ 是总体的一个样本，证明：

(1)虽然 $\overline{X}$ 是 λ 的无偏估计，但 $\overline{X}^2$ 不是 λ^2 的无偏估计.

答题区

纠错笔记

(2) 样本函数 $\frac{1}{n}\sum_{i=1}^{n}X_i(X_i-1)$ 是 λ^2 的无偏估计.

答题区

纠错笔记

12 已知总体 X 服从正态分布 $N(\mu,\sigma^2)$，现从总体 X 中随机抽取样本 X_1,X_2,X_3，证明以下三个统计量 $\hat{\mu}_1=\frac{X_1}{2}+\frac{X_2}{3}+\frac{X_3}{6}$，$\hat{\mu}_2=\frac{X_1}{2}+\frac{X_2}{4}+\frac{X_3}{4}$，$\hat{\mu}_3=\frac{X_1}{3}+\frac{X_2}{3}+\frac{X_3}{3}$ 都是总体均值 $E(X)=\mu$ 的无偏估计量，并确定哪个估计量更有效.

答题区

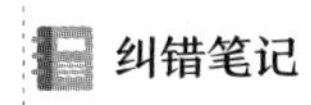
纠错笔记

13 某旅行社为调查当地游客的平均消费额，随机访问了 100 名游客，得知平均消费额为 $\bar{x}=80$ 元. 根据经验，已知游客消费额服从正态分布，且标准差为 $\sigma=12$ 元，求该地游客的平均消费额 μ 的置信水平为 0.95 的置信区间.

答题区

纠错笔记

14 2017 年某咨询机构欲了解某城市在校大学生和年轻白领在 48 小时内的上网时间，分别调查了 10 位在校大学生和 10 位年轻白领，获得他们的上网时间如下(单位：分钟).

在校大学生	620	570	650	600	630	580	570	600	580	600
年轻白领	560	590	560	570	580	570	600	550	570	550

设在校大学生和年轻白领上网时间都服从正态分布，且方差相同，取置信水平为 0.95，试对在校大学生和年轻白领在 48 小时内平均上网时间之差作区间估计.

15 为了研究男、女大学生在生活费支出(单位：元)上的差异，在某大学各随机地抽取 21 名男生和 26 名女生进行调查，由调查结果算得男生和女生的生活费支出的样本方差分别为 $s_1^2=260$，$s_2^2=280$. 设男、女大学生的生活费支出都服从正态分布，试求两个总体方差之比 $\frac{\sigma_1^2}{\sigma_2^2}$ 的置信水平为 0.95 的置信区间.

纠错笔记

第八章　假设检验（数学一）

一、基础篇

1 假设检验时，若增大样本容量，则犯两类错误的概率(　　).

A. 都增大　　B. 都减小　　C. 都不变　　D. 一个增大、一个减小

答题区

纠错笔记

2 下列说法中正确的是(　　).

A. 若备择假设是正确的，但作出的决策是拒绝备择假设，则犯了弃真错误

B. 若备择假设是错误的，但作出的决策是接受备择假设，则犯了取伪错误

C. 若原假设是正确的，但作出的决策是接受备择假设，则犯了弃真错误

D. 若原假设是错误的，但作出的决策是接受备择假设，则犯了取伪错误

答题区

纠错笔记

3 对于正态总体 $N(\mu,\sigma^2)$ 的均值 μ 进行假设检验，如果在显著水平 0.05 下接受 $H_0:\mu=\mu_0$，那么在显著水平 0.01 下，下列结论正确的是(　　).

A. 必接受 H_0　　B. 可能接受，也可能拒绝 H_0

C. 必拒绝 H_0　　D. 不接受，也不拒绝 H_0

答题区

纠错笔记

4 已知某罐装可乐生产流水线，生产的可乐每罐的容量 X(单位：ml)服从正态分布. 根据质量要求每罐容积的标准差不超过 5 ml，为了检查某日开工后生产流水线的工作是否正常，从流水线生产的产品中随机抽取产品进行检验，取检验假设 $H_0:\sigma^2\leqslant 25$，显著水平 $\alpha=0.05$，则下列命题中正确的是(　　).

A. 若生产正常，则检验结果也认为生产正常的概率等于 95%

B. 若生产不正常，则检验结果也认为生产不正常的概率等于 95%

C. 若检验结果认为生产正常，则生产确实正常的概率等于 95%

D. 若检验结果认为生产不正常，则生产确实不正常的概率等于 95%

答题区

纠错笔记

5 已知总体 X 的概率密度只有两种可能，设 $H_0:f(x)=\begin{cases}\dfrac{1}{2}, & 0\leqslant x\leqslant 2\\ 0, & 其他\end{cases}$，$H_1:f(x)=\begin{cases}\dfrac{x}{2}, & 0\leqslant x\leqslant 2\\ 0, & 其他\end{cases}$. 对总体 X 进行一次观察，规定 $X_1\geqslant\dfrac{2}{3}$ 时拒绝 H_0，否则拒绝 H_1，则此检验的 α 和 β 分别为________.

答题区

纠错笔记

6 设总体 $X\sim N(\mu,\sigma^2)$，由来自总体 X 的容量为 10 的样本，测得样本方差 $s^2=0.10$，则检验假设 $H_0:\sigma^2\leqslant 0.06$ 使用统计量 χ^2 的值等于________，在显著水平 $\alpha=0.025$ 下________H_0. ($\chi^2_{0.05}(9)=16.919$，$\chi^2_{0.05}(10)=18.307$，$\chi^2_{0.025}(9)=19.203$，$\chi^2_{0.025}(10)=20.483$)

答题区

纠错笔记

7 某灯泡厂生产一种节能灯泡,其使用寿命(单位:小时)长期以来服从正态分布 $N(1\ 600, 150^2)$. 现从一批灯泡中随机抽取 25 只,测得它们的平均寿命为 1 636 小时. 假定灯泡寿命的标准差稳定不变,问这批灯泡的平均寿命是否等于 1 600 小时.(取显著性水平 $\alpha=0.05$)

答题区

纠错笔记

8 某工厂生产一种灯管,已知灯管的寿命 X 服从正态分布 $N(\mu,40\ 000)$,根据以往的生产经验可知灯管的平均寿命不会超过 1 500 小时,为了提高灯管的平均寿命,工厂采用了新的工艺. 为了弄清新工艺是否真的能提高灯管的平均寿命,工厂测试了采用新工艺生产的 25 只灯管的寿命,其平均寿命是 1 575 小时. 试问:是否可以由此判定抽出的这 25 只灯管的平均寿命较长恰是新工艺的效应.(取显著水平为 $\alpha=0.05$)

9 某工厂生产的某种型号的电池,其寿命(单位:小时)长期以来服从方差 $\sigma^2=5\ 000$ 的正态分布,现有一批这种电池,从它的生产情况来看,寿命的波动性有所改变. 现随机抽取 26 只电池,测出其寿命的样本方差 $s^2=9\ 200$. 问根据这一数据能否推断这批电池的寿命的波动性较以往的有显著的变化?(取 $\alpha=0.02$)

答题区

纠错笔记

10 某盐业公司用机器包装食盐，按规定每袋标准重量为 1 千克，标准差不得超过 0.02 千克. 某日开工后，为了检查机器工作是否正常，从装好的食盐中随机抽取 9 袋，称得其重量（单位：千克）为

$$0.994,1.014,1.020,0.950,1.030,0.968,0.976,1.048,0.982,$$

假定食盐的袋装重量服从正态分布，问当日机器是否正常工作.（取 $\alpha=0.05$）

答题区

11 为比较甲、乙两种安眠药的疗效，将 20 名患者分成两组，每组 10 人，服药后延长的睡眠时间分别服从正态分布，其数据分别为（单位：小时）：

甲	5.5	4.6	4.4	3.4	1.9	1.6	1.1	0.8	0.1	−0.1
乙	3.7	3.4	2.0	2.0	0.8	0.7	0	−0.1	−0.2	−1.6

判断在显著性水平 $\alpha=0.05$ 下，两种药的疗效是否有显著差别.

答题区

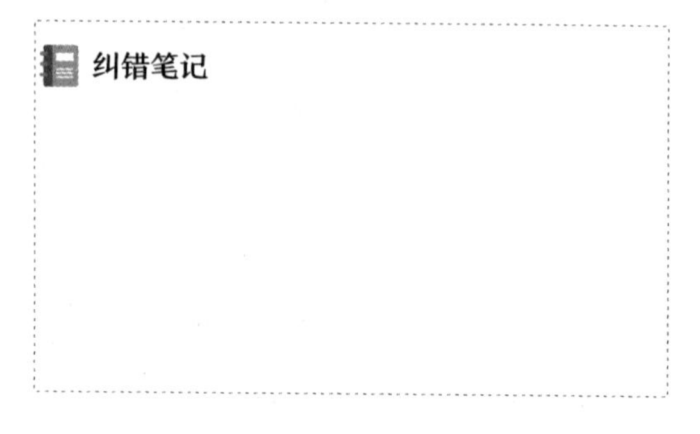

适合基础薄弱考生使用

概率论与数理统计

通关习题册

（解析册）

主编◎李畅通

副主编◎李娜 王唯良 车彩丽

目录
Contents

第一章　随机事件与概率

一、基础篇

1. 答案 C　【解析】因为 $P(AB)\leqslant P(A)$，$P(AB)\leqslant P(B)$，所以 $2P(AB)\leqslant P(A)+P(B)$，故 $P(AB)\leqslant \frac{P(A)+P(B)}{2}$. 故应选 C.

2. 答案 D　【解析】由事件 A,B 互斥，得 $AB=\varnothing$，即 $P(AB)=0$，所以 $P(\overline{A}\cup\overline{B})=P(\overline{AB})=1-P(AB)=1$，故应选 D.

　　需要注意的是，事件互斥与事件独立是两个不同的概念.

3. 答案 B　【解析】由 $0.3=P(A-B)=P(A)-P(AB)=P(A)-P(A)P(B)=0.5P(A)$，可得 $P(A)=0.6$，因此 $P(B-A)=P(B)-P(BA)=0.5-P(B)P(A)=0.5-0.5\times 0.6=0.2$. 故应选 B.

4. 答案 C　【解析】设事件 A 为"第 4 次射击恰好第 2 次命中目标"，则 A 表示共射击 4 次，其中前 3 次只有 1 次击中目标，且第 4 次击中目标. 因此，$P(A)=C_3^1p(1-p)^2\cdot p=3p^2(1-p)^2$. 故应选 C.

5. 答案 B　【解析】由题设知 $B\cap A=(B-A)\cap A=B\overline{A}A=\varnothing$，故应选 B.

6. 答案 B　【解析】由于 $\overline{A}\cap B$ 表示"事件 B 发生，而事件 A 不发生"，$A-B$ 表示"事件 A 发生，而事件 B 不发生"，因此 $A-B\neq\overline{A}\cap B$，故应选 B.

7. 答案 D　【解析】因为 $A\cup B=B$ 等价于 $A\subset B$ 或 $\overline{B}\subset\overline{A}$ 或 $A\overline{B}=\varnothing$，而 $\overline{A}B=B-AB=B-A$，所以 $\overline{A}B=\varnothing$ 与 $A\cup B=B$ 不等价. 故应选 D.

8. 答案 C　【解析】A,B 互为对立事件的充分必要条件是 $A\cup B=S$，$A\cap B=\varnothing$，即事件 A，B 构成样本空间的一个划分或者完备事件组. 故应选 C.

9. 答案 D　【解析】设 B 表示"甲种产品畅销"，C 表示"乙种产品畅销"，因为事件 A 表示"甲种产品畅销，乙种产品滞销"，所以 $A=B\overline{C}$，于是 $\overline{A}=\overline{B\overline{C}}=\overline{B}\cup C$，即 A 的对立事件表示"甲种产品滞销或乙种产品畅销"，故应选 D.

10. 答案 C　【解析】若 $P(AB)=0$，则 AB 未必是不可能事件. 例如，随机地向 $[0,1]$ 区间内投点，以 X 表示点的坐标，令 $A=B=\{X=\sqrt{2}\}$，则事件 A,B 为两个随机事件，且都有可能发生，而 $AB=\{X=\sqrt{2}\}$，由几何概率可知 $P(AB)=0$. 例如，掷一枚骰子，以 A 表示"出现 2

点”，B 表示“出现 6 点”，则 $AB=\varnothing$，从而 $P(AB)=0$，但 $P(A)=P(B)=\frac{1}{6}$. 综上所述，应选 C.

11. 答案 D 【解析】根据事件的运算关系可知 $A\cap\overline{B}=A-B=A-AB$，且 $AB\subset A$，再由概率的性质得 $P(A\cap\overline{B})=P(A-AB)=P(A)-P(AB)$. 故应选 D.

12. 答案 C 【解析】如果 $A\subset B$，那么 $A\cup B=B$，$A\cap B=A$，$\overline{A}\cap B=B-AB$，于是 $P(A\cap B)=P(A)$，$P(A\cup B)=P(B)$，$P(\overline{A}\cap B)=P(B)-P(AB)=P(B)-P(A)$. 由此可以排除选项 A，B，D. 故应选 C.

13. 答案 D 【解析】因为事件 A 与事件 B 互不相容，所以 $P(AB)=0$. 于是

$$P(\overline{A}\cup\overline{B})=P(\overline{AB})=1-P(AB)=1,$$

故应选 D.

14. 答案 C 【解析】由于事件 A，B 互不相容，即 $A\cap B=\varnothing$，从而 $P(A\cap B)=P(\varnothing)=0$，故应选 C.

15. 答案 B 【解析】因为 $P(A\cup B)=P(A)+P(B)-P(AB)$，由已知有 $0.8=0.2+(1-0.4)-P(AB)$，所以 $P(AB)=0$，故 $P(\overline{A}\,\overline{B})=1-P(A\cup B)=1-0.8=0.2$，$P(B-A)=P(B)-P(AB)=0.6$，$P(\overline{B}A)=P(A-AB)=P(A)-P(AB)=0.2$. 故应选 B.

16. 答案 B 【解析】由概率的性质及事件的独立性，可知 $P(AB\,\overline{C})=P(AB-ABC)=P(AB)-P(ABC)=P(A)P(B)-P(ABC)=\frac{1}{2}\times\frac{1}{2}-\frac{1}{5}=\frac{1}{20}$. 因此，应选 B.

17. 答案 C 【解析】设 A 表示“两次出现的点数之和等于 8”，由已知条件 $V_S=6\times6=36$，$V_A=5$，所以 $P(A)=\frac{V_A}{V_S}=\frac{5}{36}$. 故应选 C.

18. 答案 C 【解析】因为 $P(A\mid B)=\frac{P(AB)}{P(B)}$，$P(A\mid B)=1$，所以 $P(AB)=P(B)$，从而 $P(A\cup B)=P(A)+P(B)-P(AB)=P(A)$. 因此，应选 C.

19. 答案 B 【解析】因为 $0<P(A)<1$，$0<P(B)<1$，且 $\frac{P(AB)}{P(B)}=P(A\mid B)=P(A)$，于是 $P(AB)=P(A)P(B)$，故 A，B 相互独立，应选 B.

20. 答案 A 【解析】由两两独立与相互独立的概念可以推知“若 A_1，A_2，A_3 相互独立，则 A_1，A_2，A_3 两两独立”，而“若 A_1，A_2，A_3 两两独立，则 A_1，A_2，A_3 未必相互独立”，“若 $P(A_1A_2A_3)=P(A_1)P(A_2)P(A_3)$，则 A_1，A_2，A_3 未必相互独立”，另外，独立性不具有传递性. 故应选 A.

21. 答案 B 【解析】由于事件 A 与 B 相互独立，故 $\overline{A}$ 和 $\overline{B}$ 也相互独立，因此由概率的基本性质，得 $P(A\cup B)=1-P(\overline{A}\,\overline{B})=1-P(\overline{A})P(\overline{B})=1-0.5\times0.6=0.7$，故应选 B.

22. 答案 $\frac{1}{2}$　【解析】由 A,C 互不相容可知 $A\cap C=\varnothing$,故 $ABC=\varnothing$,从而 $P(ABC)=0$,由减法公式得 $P(AB\overline{C})=P(AB)-P(ABC)=\frac{1}{2}$.

23. 答案 $\frac{2}{5}$　【解析】设 A_i 表示第 $i(i=1,2)$ 人取得黄球,则 $A_2=A_2\cap(A_1\cup\overline{A}_1)=(A_1A_2)\cup(\overline{A}_1A_2)$,且 $(A_1A_2)\cap(\overline{A}_1A_2)=\varnothing$,于是 $P(A_2)=P(A_1A_2)+P(\overline{A_1}A_2)=\frac{20}{50}\times\frac{19}{49}+\frac{30}{50}\times\frac{20}{49}=\frac{2}{5}$.

【评注】本题考查的是古典概型中的抽签原理,即 $P(A)$ 与 i 无关,即取黄球有先后顺序,每个人取出黄球的概率是一样的.

24. 答案 $\frac{3}{4}$　【解析】设取正数 $x,y\in(0,1)$,由于 (x,y) 所构成的点的全体为 Ω,则其几何面积为 $\mu(\Omega)=1$. 记事件 A 为"两数之差的绝对值小于 $\frac{1}{2}$",事件 A 构成的几何区域的几何面积为

$$\mu(A)=1-2\times\frac{1}{2}\times\frac{1}{2}\times\frac{1}{2}=\frac{3}{4},$$

于是 $P(A)=\frac{\mu(A)}{\mu(\Omega)}=\frac{3}{4}$.

25. 答案 $\frac{2}{3}$　【解析】由 $P(A\overline{B})=P(\overline{A}B)$ 可知 $P(A)=P(AB)+P(A\overline{B})=P(AB)+P(\overline{A}B)=P(B)$. 又因为 A 和 B 相互独立,故 $\overline{A}$ 和 $\overline{B}$ 也相互独立,

所以 $\frac{1}{9}=P(\overline{A}\,\overline{B})=P(\overline{A})P(\overline{B})=[P(\overline{A})]^2$.

由此可得,$P(\overline{A})=\frac{1}{3}$,即 $P(A)=\frac{2}{3}$.

26. 答案 $\frac{1}{4}$　【解析】由题意得

$$\begin{aligned}\frac{9}{16}=P(A\cup B\cup C)&=P(A)+P(B)+P(C)-P(AB)-P(AC)-P(BC)+P(ABC)\\&=3P(A)-P(A)P(B)-P(A)P(C)-P(B)P(C)\\&=3P(A)-3[P(A)]^2,\end{aligned}$$

解之可得 $P(A)=\frac{1}{4}$ 或 $P(A)=\frac{3}{4}\left(\frac{3}{4}\text{不合题意,故舍去}\right)$.

27. 答案 $\frac{1}{3}$　【解析】设每次试验中事件 A 发生的概率为 p,由于 3 次试验相互独立,故事件 A 是 3 重伯努利试验概型,A 至少出现一次的概率为 $1-(1-p)^3=\frac{19}{27}$,解得 $p=\frac{1}{3}$.

28. 答案 $1-(1-p)^n$；$(1-p)^n+np(1-p)^{n-1}$

【解析】由于每次试验中事件 A 发生的概率为 p，并且 n 次试验相互独立，故这是 n 重伯努利试验概型. 若记 B_k 为"n 次试验中事件 A 发生 k 次"，则 $P(B_k)=C_n^k p^k(1-p)^{n-k}$，$k=0,1,2,\cdots,n$.

事件 A 至少发生一次的概率为 $P=1-P(B_0)=1-(1-p)^n$.

事件 A 至多发生一次的概率为 $P=P(B_0)+P(B_1)=(1-p)^n+np(1-p)^{n-1}$.

29. 答案 0.7 【解析】由题设知 $0.3=P(A-B)=P(A-AB)=P(A)-P(AB)=0.5-P(AB)$，故 $P(AB)=0.2$，于是 $P(A\cup B)=P(A)+P(B)-P(AB)=0.5+0.4-0.2=0.7$.

30. 答案 $1-p$ 【解析】由于 $P(A\cup B)=P(A)+P(B)-P(AB)$，故

$$P(\overline{A}\,\overline{B})=P(\overline{A\cup B})=1-P(A\cup B)=1-[P(A)+P(B)-P(AB)]$$
$$=1-P(A)-P(B)+P(AB)=1-p-P(B)+P(AB),$$

由已知条件得 $P(B)=1-p$.

31. 答案 $\dfrac{4}{7!}$ 【解析】设事件 A 表示 C,C,E,E,I,N,S 等 7 个字母随机排成一行，恰好排成英文单词 SCIENCE，则样本空间 Ω 包含的样本点总数是 7 个字母的全排列，即 $|\Omega|=7!$，而事件 A 包含的样本点总数为 $|A|=2\times2$，故所求概率为 $P(A)=\dfrac{|A|}{|\Omega|}=\dfrac{4}{7!}$.

32. 答案 $\dfrac{3}{8}$ 【解析】由已知条件样本空间 Ω 包含的样本点的总数 $|\Omega|=4^3$，而事件 A"3 只盒子各放一球"包含样本点数为 $|A|=C_4^3\cdot3!$，于是 $P(A)=\dfrac{|A|}{|\Omega|}=\dfrac{C_4^3\cdot3!}{4^3}=\dfrac{3}{8}$.

33. 答案 $\dfrac{1}{2}+\dfrac{1}{\pi}$ 【解析】设随机地向半圆 $0<y<\sqrt{2ax-x^2}$（a 为大于 0 的常数）内掷一点，其坐标为 (x,y)，则样本空间为圆心在 $(a,0)$，半径为 a 的上半圆区域(图 1-1)，即 $\Omega=\{(x,y)\mid 0<y<\sqrt{2ax-x^2}\}$.

原点与该点的连线与 x 轴的夹角小于 $\dfrac{\pi}{4}$ 的事件 A 为图 1-1 中的阴影区域，因此所求概率为

$$P(A)=\frac{|S_A|}{|\Omega|}=\frac{\frac{1}{4}\pi a^2+\frac{1}{2}a^2}{\frac{1}{2}\pi a^2}=\frac{1}{2}+\frac{1}{\pi}.$$

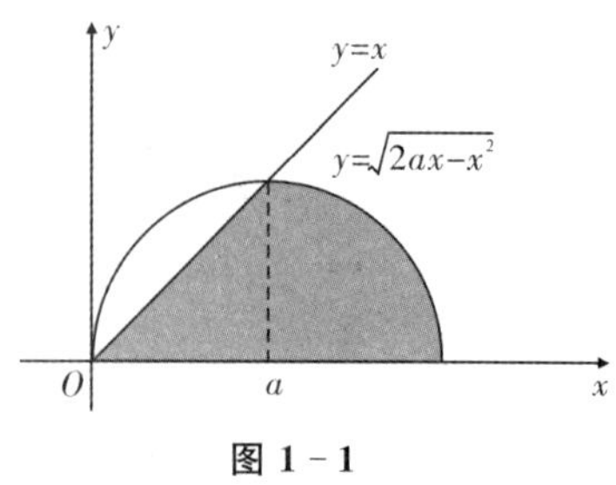

图 1-1

34. 答案 $\dfrac{3}{29}$ 【解析】由于 A 与 B 相互独立，故 $P(AB)=P(A)P(B)=0.12$.

又 A 与 C 互不相容，故 $AC=\varnothing$，故 $0\leqslant P(ABC)\leqslant P(AC)=0$，即 $P(ABC)=0$. 于是

$$P(C \mid A \cup B)=\frac{P[C(A \cup B)]}{P(A \cup B)}=\frac{P[CA \cup CB]}{P(A \cup B)}=\frac{P(AC)+P(BC)-P(ABC)}{P(A \cup B)}$$

$$=\frac{P(B)P(C \mid B)}{P(A)+P(B)-P(AB)}=\frac{0.3 \times 0.2}{0.4+0.3-0.12}=\frac{3}{29}.$$

35. 答案 (1) $A\overline{B}\overline{C}$ 或 $A-(AB+AC)$ 或 $A-(B \cup C)$.

(2) $AB\overline{C}$ 或 $AB-ABC$ 或 $AB-C$.

(3) $A+B+C$.

(4) ABC.

(5) $\overline{A}\overline{B}\overline{C}$ 或 $\Omega-(A+B+C)$ 或 $\overline{A \cup B \cup C}$.

(6) $\overline{A}\overline{B}+\overline{B}\overline{C}+\overline{A}\overline{C}$.

(7) $\overline{A}+\overline{B}+\overline{C}$ 或 $\overline{ABC}$.

(8) $AB+BC+AC$.

36. 答案 由 $P(A)=0.6, P(B)=0.7$ 可知 $AB \neq \varnothing$. 否则,设 $AB=\varnothing$, 则 $P(A \cup B)=P(A)+P(B)=0.6+0.7=1.3>1$,与 $P(A \cup B) \leqslant 1$ 矛盾. 显然有

$$\begin{cases}P(AB)=P(A)+P(B)-P(A \cup B)=1.3-P(A \cup B)\\1 \geqslant P(A \cup B) \geqslant \max\{P(A), P(B)\}=0.7\\0 \leqslant P(AB) \leqslant \min\{P(A), P(B)\}=0.6\end{cases}.$$

(1) 要使 $P(AB)$ 取到最大值,只需 $P(A \cup B)$ 取到最小值,即 $P(A \cup B)=P(B)$,此时 $P(AB)$ 取到最大值,最大值为 $P(AB)=P(A)=0.6$.

(2) 要使 $P(AB)$ 取到最小值,只需 $P(A \cup B)$ 取到最大值,即 $P(A \cup B)=1$,此时 $P(AB)$ 取最小值,最小值为 $P(AB)=0.6+0.7-1=0.3$.

37. 答案 事件 A,B,C 至少有一个发生即为 $A \cup B \cup C$,由于 $ABC \subset AB, P(AB)=0$,故 $P(ABC)=0$. 于是

$$P(A \cup B \cup C)=[P(A)+P(B)+P(C)]-[P(AB)+P(BC)+P(AC)]+P(ABC)$$

$$=\frac{3}{4}-\frac{1}{8}+0=\frac{5}{8}.$$

38. 答案 10 人中任选 3 人为一组,其选法有 C_{10}^{3} 种,且每种选法等可能.

(1) 记 A 为"3 人中纪念章的最小号码为 5",则事件 A 相当于有 1 人号码为 5,其余 2 人号码大于 5, 这种组合的种数有 $1 \times C_{5}^{2}$,于是 $P(A)=\frac{1 \times C_{5}^{2}}{C_{10}^{3}}=\frac{1}{12}$.

(2) 记 B 为"3 人中纪念章的最大号码为 5",则事件 B 相当于有 1 人号码为 5,其余 2 人号码小于 5,选法有 $1 \times C_{4}^{2}$ 种,故 $P(B)=\frac{1 \times C_{4}^{2}}{C_{10}^{3}}=\frac{1}{20}$.

39. 答案 以分钟为单位, 记上一次报时时刻至下一次报时时刻为 60, 于是这个人打开收音机的时间必在(0,60) 内, 记事件 A 为"等待时间短于 10 分钟", 则有 $S=(0,60), A=$

$(50,60) \subset S$，于是 $P(A)=\frac{10}{60}=\frac{1}{6}$.

40. 答案 **方法一** 在缩小的样本空间中求 $P(A|B)$，即将事件 B 作为样本空间，求事件 A 发生的概率.

掷两颗骰子的试验结果为有序数组 $(x,y)(x,y=1,2,3,4,5,6)$ 并且满足 $x+y=7$，则样本空间为 $B=\{(x,y)\mid(1,6),(6,1),(2,5),(5,2),(3,4),(4,3)\}$，每种结果 (x,y) 等可能. 记 $A=\{$掷 2 颗骰子，点数和为 7 时，其中有 1 颗为 1 点$\}$，则 $P(A)=\frac{2}{6}=\frac{1}{3}$.

方法二 设 $S=\{(x,y)\mid x=1,2,3,4,5,6;y=1,2,3,4,5,6\}$，每种结果均可能，$A=\{$掷 2 颗骰子，$x,y$ 中有 1 个为“1”点$\}$，$B=\{$掷 2 颗骰子，$x+y=7\}$，

则 $P(B)=\frac{6}{6^2}=\frac{1}{6}$，$P(AB)=\frac{2}{6^2}$，故 $P(A\mid B)=\frac{P(AB)}{P(B)}=\frac{\frac{2}{6^2}}{\frac{1}{6}}=\frac{2}{6}=\frac{1}{3}$.

41. 答案 (1)“第 3 次取得次品”是抽签模型，没有对前 2 次是否取得次品做出要求，于是第 3 次取得次品的概率为次品所占比例 $\frac{3}{10}$.

(2) 设 $A_i(i=1,2,3)$ 为第 i 次取得次品，第 3 次才取得次品的事件为 $\overline{A_1}\,\overline{A_2}A_3$，于是第 3 次才取得次品的概率为

$$P(\overline{A_1}\,\overline{A_2}A_3)=P(\overline{A_1})P(\overline{A_2}\mid\overline{A_1})P(A_3\mid\overline{A_1}\,\overline{A_2})=\frac{7}{10}\times\frac{6}{9}\times\frac{3}{8}=\frac{7}{40}.$$

(3) 很多考生容易混淆(2)(3) 两问，认为概率相同，其实不然. 已知前 2 次没有取得次品，第 3 次取得次品的事件为 $A_3|\overline{A_1}\,\overline{A_2}$，其概率 $P(A_3|\overline{A_1}\,\overline{A_2})$ 为一个条件概率，即已知前 2 次没有取得次品，第 3 次取得次品的概率为 $P(A_3\mid\overline{A_1}\,\overline{A_2})=\frac{3}{8}$.

42. 答案 **方法一** 由题设 $P(A)=1-P(\overline{A})=\frac{7}{10}$，$P(\overline{B})=1-P(B)=\frac{3}{5}$，

$A=AS=A(B\cup\overline{B})=AB\cup A\overline{B}$，由于 $(AB)(A\overline{B})=\varnothing$.

故有 $P(AB)=P(A)-P(A\overline{B})=\frac{7}{10}-\frac{1}{2}=\frac{1}{5}$.

由加法定理，得 $P(A\cup\overline{B})=P(A)+P(\overline{B})-P(A\overline{B})=\frac{7}{10}+\frac{3}{5}-\frac{1}{2}=\frac{4}{5}$，

可得 $P(B\mid A\cup\overline{B})=\frac{P[B(A\cup\overline{B})]}{P(A\cup\overline{B})}=\frac{P(AB)}{P(A\cup\overline{B})}=\frac{\frac{1}{5}}{\frac{4}{5}}=\frac{1}{4}$.

方法二 由题设知 $\frac{1}{2}=P(A\overline{B})=P(A)P(\overline{B}\mid A)=\frac{7}{10}P(\overline{B}\mid A)$，故 $P(\overline{B}\mid A)=\frac{\frac{1}{2}}{\frac{7}{10}}=\frac{5}{7}$，

于是 $P(B \mid A)=\frac{2}{7}$，所以 $P(AB)=P(A)P(B \mid A)=\frac{1}{5}$，

$$P(B \mid A \cup \overline{B})=\frac{P(BA \cup B\overline{B})}{P(A \cup \overline{B})}=\frac{P(BA)}{P(A)+P(\overline{B})-P(A\overline{B})}=\frac{\frac{1}{5}}{\frac{7}{10}+\frac{3}{5}-\frac{1}{2}}=\frac{1}{4}.$$

43. 答案 由 $\frac{1}{2}=P(A \mid B)=\frac{P(AB)}{P(B)}=\frac{P(A)P(B \mid A)}{P(B)}=\frac{\frac{1}{4}\times\frac{1}{3}}{P(B)}$，可知 $P(B)=\frac{1}{6}$，

由乘法公式，得 $P(AB)=P(A)P(B \mid A)=\frac{1}{12}$，

由加法公式，得 $P(A \cup B)=P(A)+P(B)-P(AB)=\frac{1}{4}+\frac{1}{6}-\frac{1}{12}=\frac{1}{3}$.

44. 答案 设 A 为从乙袋中取白球，B 为从甲袋中取白球，由于第 1 次从甲袋中取得放入乙袋中的球颜色不确定，故应用全概率公式，有

$$P(A)=P(B)P(A \mid B)+P(\overline{B})P(A \mid \overline{B})=\frac{3}{5}\times\frac{4}{6}+\frac{2}{5}\times\frac{3}{6}=\frac{3}{5}.$$

45. 答案 设 $A_1=\{男人\}$，$A_2=\{女人\}$，$B=\{色盲\}$，显然 $A_1 \cup A_2=\Omega$，$A_1A_2=\varnothing$.

由已知条件知

$$P(A_1)=P(A_2)=50\%=\frac{1}{2},P(B \mid A_1)=5\%=\frac{5}{100},P(B \mid A_2)=0.25\%=\frac{25}{10000}.$$

由贝叶斯公式，有

$$P(A_1 \mid B)=\frac{P(A_1B)}{P(B)}=\frac{P(A_1)P(B \mid A_1)}{P(A_1)P(B \mid A_1)+P(A_2)P(B \mid A_2)}=\frac{\frac{1}{2}\times\frac{5}{100}}{\frac{1}{2}\times\frac{5}{100}+\frac{1}{2}\times\frac{25}{10000}}=\frac{20}{21}.$$

46. 答案 设 A_i 表示"第 i 台机床加工的零件($i=1,2$)"，B 表示"取到合格品".

(1) $P(B)=\sum_{i=1}^{2}P(A_i)P(B \mid A_i)=\frac{2}{3}\times 0.97+\frac{1}{3}\times 0.98 \approx 0.973$.

(2) $P(A_2 \mid \overline{B})=\frac{P(A_2\overline{B})}{P(\overline{B})}=\frac{\frac{1}{3}\times 0.02}{\frac{1}{3}\times 0.02+\frac{2}{3}\times 0.03}=0.25$.

47. 答案 测试 7 次，就是从 10 个晶体管中不放回地抽取 7 个晶体管，其样本空间所包含的基本事件的总数为 $V_S=A_{10}^7$. 设事件 A 表示"经过 7 次测试，3 个次品都已找到"，即在前 6 次测试中有 2 次找到次品，而在第 7 次测试时找到了最后 1 个次品或者前 7 次测试均为正品，最后剩下的 3 个就是次品，由于 3 个次品均可在最后 1 次被测试到，所以事件 A 所包含的基本事件数为 $V_A=C_6^2 \cdot C_4^4 \cdot A_7^4 \cdot 3!+C_7^7 \cdot 7!$，

故 $P(A)=\frac{V_A}{V_S}=\frac{C_6^2 \cdot C_4^4 \cdot A_7^4 \cdot 3!+C_7^7 \cdot 7!}{A_{10}^7}=\frac{2}{15}$.

48. 答案 设 $A=\{$取到的数能被 6 整除$\}$、$B=\{$取到的数能被 8 整除$\}$、$C=\{$取到的整数既不能被 6 整除，又不能被 8 整除$\}$，则 $C=\overline{A\cup B}$，所以

$$P(C)=P(\overline{A\cup B})=1-P(A\cup B)=1-[P(A)+P(B)-P(AB)].$$

下面分别计算事件 A,B,C 的概率.

由于 $333<\frac{2000}{6}<334$，故 A 所包含的基本事件总数为 333，因此 $P(A)=\frac{333}{2000}$.

由于$\frac{2000}{8}=250$，故 B 所包含的基本事件总数为 250，因此 $P(B)=\frac{250}{2000}$.

又因为一个数同时能被 6 与 8 整除，就相当于被它们的最小公倍数整除，注意到 $83<\frac{2000}{24}<84$，AB 所包含的基本事件总数为 83，于是 $P(AB)=\frac{83}{2000}$，

$$\begin{aligned}P(C)&=1-P(A\cup B)=1-[P(A)+P(B)-P(AB)]\\&=1-\left(\frac{333}{2000}+\frac{250}{2000}-\frac{83}{2000}\right)=\frac{3}{4}.\end{aligned}$$

49. 答案 设 A 表示“一年内甲向银行申请贷款”，B 表示“一年内乙向银行申请贷款”，由已知条件 $P(B)=0.2$，$P(A)=0.15$，$P(B\mid\overline{A})=0.23$，则本题所求概率为 $P(A\mid\overline{B})$.

由条件概率公式有 $P(A\mid\overline{B})=\frac{P(A\overline{B})}{P(\overline{B})}$，

又$P(AB)=P(B)-P(\overline{A}B)=P(B)-P(\overline{A})P(B\mid\overline{A})=0.0045$，

$P(A\overline{B})=P(A)-P(AB)=0.1455$，

故所求概率为 $P(A\mid\overline{B})=\frac{P(A\overline{B})}{P(\overline{B})}=0.181875$.

50. 答案 设 A 表示“两件产品中至少有一件是不合格品”，B 表示“两件产品都是不合格品”，C 表示“两件产品中一件是不合格品，另一件是合格品”，则 $A=B+C$，且 $BC=\varnothing$，

所以 $P(A)=P(B\cup C)=P(B)+P(C)=\frac{C_4^2}{C_{10}^2}+\frac{C_4^1C_6^1}{C_{10}^2}=\frac{2}{3}$.

又由于 $B\subset A$，则 $AB=B$，因此 $P(AB)=P(B)=\frac{C_4^2}{C_{10}^2}=\frac{2}{15}$，

于是由条件概率公式得所求概率为 $P(B\mid A)=\frac{P(AB)}{P(A)}=\frac{1}{5}$.

51. 答案 以事件 A_1,A_2,A_3,A_4,A_5 分别表示事件“脱落 M，M”“脱落 A，A”“脱落 M，A”“脱落 X，A”“脱落 X，M”，以 B 表示“放回后仍为‘MAXAM’”，所求概率为 $P(B)$，显然 A_1,A_2,A_3,A_4,A_5 两两互不相容，且 $A_1\cup A_2\cup A_3\cup A_4\cup A_5=\Omega$. 由题意得，

$P(A_1)=\frac{C_2^2}{C_5^2}=\frac{1}{10}$，$P(A_2)=\frac{C_2^2}{C_5^2}=\frac{1}{10}$，$P(A_3)=\frac{C_2^1C_2^1}{C_5^2}=\frac{4}{10}$，

$P(A_4)=\frac{C_1^1C_2^1}{C_5^2}=\frac{2}{10}$，$P(A_5)=\frac{C_1^1C_2^1}{C_5^2}=\frac{2}{10}$，

而 $P(B \mid A_1) = P(B \mid A_2) = 1, P(B \mid A_3) = P(B \mid A_4) = P(B \mid A_5) = \frac{1}{2}$.

由全概率公式得 $P(B) = \sum_{i=1}^{5} P(A_i)P(B \mid A_i) = \frac{1}{10} + \frac{1}{10} + \frac{2}{10} + \frac{1}{10} + \frac{1}{10} = \frac{3}{5}$.

52. 答案 设事件 A 表示“从剩下的电视机中，任取 1 台是正品”，那么 A 的发生必须以下述 3 种“原因”之一为前提条件：售出 2 台无次品，售出 2 台恰有 1 件正品和售出 2 台均为正品. 令事件 B_i 表示“售出 2 台恰有 i 件正品”，其中 $B_i(i = 0,1,2)$ 相互独立. 再由已知条件易知：

$P(B_0) = \frac{C_3^2}{C_{10}^2} = \frac{1}{15}, P(B_1) = \frac{C_3^1 C_7^1}{C_{10}^2} = \frac{7}{15}, P(B_2) = \frac{C_7^2}{C_{10}^2} = \frac{7}{15}$,

$P(A \mid B_0) = \frac{7}{8}, P(A \mid B_1) = \frac{6}{8}, P(A \mid B_2) = \frac{5}{8}$.

由全概率公式得所求概率为

$$\begin{aligned} P(A) &= P(B_0)P(A \mid B_0) + P(B_1)P(A \mid B_1) + P(B_2)P(A \mid B_2) \\ &= \frac{1}{15} \times \frac{7}{8} + \frac{7}{15} \times \frac{6}{8} + \frac{7}{15} \times \frac{5}{8} = \frac{7}{10}. \end{aligned}$$

53. 答案 设 A 表示“顾客买下所查看的那箱玻璃杯”，B_i 表示“售货员取的箱中恰好有 i 件残次品”，其中 $i = 0,1,2$. 显然 B_0, B_1, B_2 构成一个完备事件组，且

$P(B_0) = 0.8, P(B_1) = 0.1, P(B_2) = 0.1$,

$P(A \mid B_0) = 1, P(A \mid B_1) = \frac{C_{19}^4}{C_{20}^4} = \frac{4}{5}, P(A \mid B_2) = \frac{C_{18}^4}{C_{20}^4} = \frac{12}{19}$.

(1) 由全概率公式知所求概率

$$P(A) = \sum_{i=0}^{2} P(B_i)P(A \mid B_i) = 0.8 \times 1 + 0.1 \times \frac{4}{5} + 0.1 \times \frac{12}{19} = \frac{448}{475}.$$

(2) 由贝叶斯公式知所求概率 $P(B_0 \mid A) = \frac{P(B_0)P(A \mid B_0)}{P(A)} = \frac{95}{112}$.

54. 答案 设事件 A 表示“天下雨”，B 表示“预报下雨”，C 表示“此人带伞”，那么由已知条件有

$P(A) = P(\overline{A}) = \frac{1}{2}, P(C \mid AB) = P(C \mid \overline{A}B) = 1, P(C \mid A\overline{B}) = P(C \mid \overline{A}\,\overline{B}) = \frac{1}{2}$,

$P(B \mid A) = P(\overline{B} \mid \overline{A}) = \frac{9}{10}, P(\overline{B} \mid A) = P(B \mid \overline{A}) = \frac{1}{10}$.

由全概率公式得

$$P(C \mid A) = P(B \mid A)P(C \mid AB) + P(\overline{B} \mid A)P(C \mid A\overline{B}) = \frac{9}{10} \times 1 + \frac{1}{10} \times \frac{1}{2} = \frac{19}{20},$$

$$P(C \mid \overline{A}) = P(B \mid \overline{A})P(C \mid \overline{A}B) + P(\overline{B} \mid \overline{A})P(C \mid \overline{A}\,\overline{B}) = \frac{1}{10} \times 1 + \frac{9}{10} \times \frac{1}{2} = \frac{11}{20}.$$

由贝叶斯公式得，所求概率依次为：

$$(1) P(A \mid \overline{C}) = \frac{P(A)P(\overline{C} \mid A)}{P(A)P(\overline{C} \mid A) + P(\overline{A})P(\overline{C} \mid \overline{A})} = \frac{\frac{1}{2} \times \frac{1}{20}}{\frac{1}{2} \times \frac{1}{20} + \frac{1}{2} \times \frac{9}{20}} = \frac{1}{10}.$$

$$(2)P(\overline{A}\mid C)=\frac{P(\overline{A})P(C\mid \overline{A})}{P(\overline{A})P(C\mid \overline{A})+P(A)P(C\mid A)}=\frac{\frac{1}{2}\times\frac{11}{20}}{\frac{1}{2}\times\frac{11}{20}+\frac{1}{2}\times\frac{19}{20}}=\frac{11}{30}.$$

55. 答案 设事件 A_i 表示“任挑一箱是第 i 箱”，B_i 表示“第 i 次取到的零件是一等品”，其中 $i=1,2$. 因为“第一次取的零件是一等品”的可能性有：此一等品可能是第一箱的零件，也可能是第二箱的零件，所以 A_1,A_2 是 B_1 发生的原因，故 A_1,A_2 是样本空间 S 的一个划分，且 $P(A_1)=P(A_2)=\frac{1}{2}$. 由题设有

$$P(B_1\mid A_1)=\frac{C_{10}^1}{C_{50}^1}=\frac{1}{5},P(B_1\mid A_2)=\frac{C_{18}^1}{C_{30}^1}=\frac{3}{5}.$$

(1) 由全概率公式得第一次取得零件是一等品的概率为

$$\begin{aligned}P(B_1)&=P(A_1)\cdot P(B_1\mid A_1)+P(A_2)\cdot P(B_1\mid A_2)\\&=\frac{1}{2}\times\frac{1}{5}+\frac{1}{2}\times\frac{3}{5}=\frac{2}{5}.\end{aligned}$$

(2) 由条件概率及全概率公式有

$$\begin{aligned}P(B_2\mid B_1)&=\frac{P(B_1B_2)}{P(B_1)}=\frac{P(A_1)P(B_1B_2\mid A_1)+P(A_2)P(B_1B_2\mid A_2)}{P(B_1)}\\&=\frac{5}{2}\times\left(\frac{1}{2}\times\frac{C_{10}^2}{C_{50}^2}+\frac{1}{2}\times\frac{C_{18}^2}{C_{30}^2}\right)=\frac{690}{1241}.\end{aligned}$$

56. 答案 设事件 A,B,C 分别表示在这段时间内机床甲、乙、丙不需要工人照管，有机床需要工人照管即至少有一部机床需要工人照管，由于三部机床由一名工人照管，即因无人照管而停工等价于在该段时间内至少有两部机床同时需要工人照管. 又 A,B,C 相互独立，且

$$P(A)=0.9,P(B)=0.8,P(C)=0.85,$$

则有机床需要工人照管的概率为

$$P(\overline{A}+\overline{B}+\overline{C})=1-P(ABC)=1-P(A)P(B)P(C)=0.388.$$

因无人照管而停工的概率为

$$P(\overline{A}\,\overline{B}+\overline{B}\,\overline{C}+\overline{C}\,\overline{A})=P(\overline{A}\,\overline{B})+P(\overline{B}\,\overline{C})+P(\overline{C}\,\overline{A})-2P(\overline{A}\,\overline{B}\,\overline{C})=0.059.$$

恰有一部机床需要工人照管的概率为

$$\begin{aligned}P(AB\overline{C}+A\overline{B}C+\overline{A}BC)&=P(AB\overline{C})+P(A\overline{B}C)+P(\overline{A}BC)\\&=P(A)P(B)P(\overline{C})+P(A)P(\overline{B})P(C)+P(\overline{A})P(B)P(C)\\&=0.9\times0.8\times0.15+0.9\times0.2\times0.85+0.1\times0.8\times0.85\\&=0.329.\end{aligned}$$

57. 答案 设 A_i 表示事件“第 i 个单位通知她去面试”，其中 $i=1,2,3,4$，则

$$P(A_1)=\frac{1}{2},P(A_2)=\frac{1}{3},P(A_3)=\frac{1}{4},P(A_4)=\frac{1}{5}.$$

根据题意，所求概率为

$$\begin{aligned}P(A_1 \cup A_2 \cup A_3 \cup A_4) &= 1-P(\overline{A_1 \cup A_2 \cup A_3 \cup A_4}) \\ &= 1-P(\overline{A}_1\overline{A}_2\overline{A}_3\overline{A}_4) \\ &= 1-P(\overline{A}_1)P(\overline{A}_2)P(\overline{A}_3)P(\overline{A}_4) \\ &= 1-[1-P(A_1)][1-P(A_2)][1-P(A_3)][1-P(A_4)] \\ &= 1-\frac{1}{2}\times\frac{2}{3}\times\frac{3}{4}\times\frac{4}{5}=\frac{4}{5}.\end{aligned}$$

58. 证明　由于 $P(\overline{A} \mid \overline{B}) = 1-P(A \mid \overline{B})$，由已知条件有

$$P(A \mid B)+P(\overline{A} \mid \overline{B}) = P(A \mid B)+1-P(A \mid \overline{B}) = 1,$$

即有 $P(A \mid B) = P(A \mid \overline{B})$. 又因为

$$A = AS = A(B+\overline{B}) = AB+A\overline{B},$$

且 $0<P(A)<1, 0<P(B)<1$，于是

$$\begin{aligned}P(A) &= P(AB)+P(A\overline{B}) = P(B)P(A \mid B)+P(\overline{B})P(A \mid \overline{B}) \\ &= P(B)P(A \mid B)+P(\overline{B})P(A \mid B) = P(A \mid B)[P(B)+P(\overline{B})] \\ &= P(A \mid B),\end{aligned}$$

所以
$$P(AB) = P(B)P(A \mid B) = P(A)P(B),$$

即事件 A 和 B 相互独立.

二、提高篇

1. 答案　C　【解析】因为 $P(A_1) = P(A_2) = P(A_3) = \frac{1}{2}, P(A_4) = \frac{1}{4}$,

$$P(A_1A_2) = P(A_1A_3) = P(A_2A_3) = P(A_2A_4) = \frac{1}{4}, P(A_1A_2A_3) = 0,$$

所以 $P(A_1A_2) = P(A_1)P(A_2), P(A_1A_3) = P(A_1)P(A_3), P(A_2A_3) = P(A_2)P(A_3)$,

$$P(A_2A_4) \neq P(A_2)P(A_4), P(A_1A_2A_3) \neq P(A_1)P(A_2)P(A_3),$$

于是 A_1, A_2, A_3 两两独立，但不相互独立. A_2, A_3, A_4 不是两两独立，更不是相互独立. 故应选 C.

2. 答案　A　【解析】若 A,B,C 相互独立，则 $P(ABC) = P(A)P(B)P(C), P(BC) = P(B)P(C)$，所以 $P(ABC) = P(A)P(BC)$，即 A 与 BC 独立.

若 A,B,C 三个事件两两独立，且 A 与 BC 独立，则 $P(AB) = P(A)P(B), P(BC) = P(B)P(C), P(AC) = P(A)P(C), P(ABC) = P(A)P(BC) = P(A)P(B)P(C)$，于是 A,B,C 相互独立.

综上所述，应选 A.

3. 答案　A　【解析】设 A,B,C 分别表示“甲、乙、丙击中目标”，则目标被击中的概率为

$$P(A\cup B\cup C)=1-P(\overline{A}\,\overline{B}\,\overline{C})=1-P(\overline{A})P(\overline{B})P(\overline{C})$$
$$=1-[1-P(A)][1-P(B)][1-P(C)]$$
$$=1-(1-0.5)(1-0.6)(1-0.7)=0.94,$$

所以，应选 A.

4. 答案 0.07 【解析】$P(AB-C)=P(AB)-P(ABC)=1-P(\overline{AB})-[1-P(\overline{ABC})]$
$$=P(\overline{A}\cup\overline{B}\cup\overline{C})-P(\overline{A}\cup\overline{B})=0.07.$$

5. 答案 $3\left(\frac{3}{10}\right)\left(\frac{7}{10}\right)^2$ 【解析】设 A_i 表示“第 i 个人分到红球”，其中 $i=1,2,\cdots,10$，A 表示“第 8,9,10 个人分到红球”.

若把 3 个红球的位置固定下来，则其他位置必然放置白球，而红球的位置可以有 C_{10}^3 种方法. 由于第 i 次取得红球，这个位置上必然放红球，剩下的红球可以在 9 个位置上任取 2 个位置，共有 C_9^2 种方法，故 $P(A_i)=\frac{C_9^2}{C_{10}^3}(i=1,2,\cdots,10)$. 于是所求概率

$$P(A)=P(A_1\overline{A}_2\overline{A}_3+\overline{A}_1A_2\overline{A}_3+\overline{A}_1\overline{A}_2A_3)$$
$$=P(A_1\overline{A}_2\overline{A}_3)+P(\overline{A}_1A_2\overline{A}_3)+P(\overline{A}_1\overline{A}_2A_3)$$
$$=3\left(\frac{3}{10}\right)\left(\frac{7}{10}\right)^2,$$

因此，应填 $3\left(\frac{3}{10}\right)\left(\frac{7}{10}\right)^2$.

6. 答案 以 H_i 表示目标被 i 人击中，$i=1,2,3$，B_1,B_2,B_3 分别表示甲、乙、丙击中目标.

因为 $H_1=B_1\overline{B}_2\overline{B}_3+\overline{B}_1B_2\overline{B}_3+\overline{B}_1\overline{B}_2B_3$，三种情况互斥，

$H_2=B_1B_2\overline{B}_3+B_1\overline{B}_2B_3+\overline{B}_1B_2B_3$，三种情况互斥，

$H_3=B_1B_2B_3$，

又 B_1,B_2,B_3 独立，所以

$$P(H_1)=P(B_1)P(\overline{B}_2)P(\overline{B}_3)+P(\overline{B}_1)P(B_2)P(\overline{B}_3)+P(\overline{B}_1)P(\overline{B}_2)P(B_3)$$
$$=0.4\times0.5\times0.3+0.6\times0.5\times0.3+0.6\times0.5\times0.7=0.36,$$
$$P(H_2)=P(B_1)P(B_2)P(\overline{B}_3)+P(B_1)P(\overline{B}_2)P(B_3)+P(\overline{B}_1)P(B_2)P(B_3)$$
$$=0.4\times0.5\times0.3+0.4\times0.5\times0.7+0.6\times0.5\times0.7=0.41,$$
$$P(H_3)=P(B_1)P(B_2)P(B_3)=0.4\times0.5\times0.7=0.14.$$

又因为 $A=H_1A+H_2A+H_3A$，三种情况互斥，

所以由全概率公式，有

$$P(A)=P(H_1)P(A\mid H_1)+P(H_2)P(A\mid H_2)+P(H_3)P(AH_3)$$
$$=0.36\times0.2+0.41\times0.6+0.14\times1=0.458.$$

7. 答案 设 A 表示“方程有实根”，B 表示“方程有重根”，易知 1 枚骰子接连投掷 2 次，其基本事

件总数为 36，即 $V_S=36$. 而此一元二次方程有实根的充要条件是 $b^2-4c\geqslant 0$，即 $c\leqslant\frac{b^2}{4}$，有重根的充要条件是 $b^2-4c=0$，即 $c=\frac{b^2}{4}$. 易见 b,c 的可能取值如下：

b 的取值	1	2	3	4	5	6
$c\leqslant\frac{b^2}{4}$ 的取值	—	1	1,2	1,2,3,4	1,2,3,4,5,6	1,2,3,4,5,6
$c=\frac{b^2}{4}$ 的取值	—	1	—	4	—	—

，

从而可以得到 A 包含的基本事件总数为 $V_A=19$，B 包含的基本事件总数为 $V_B=2$，故所求概率为

$$p=P(A)=\frac{V_A}{V_S}=\frac{19}{36},q=P(B)=\frac{V_B}{V_S}=\frac{2}{36}=\frac{1}{18}.$$

第二章　一维随机变量

一、基础篇

1. 答案 C　【解析】$P\{X=1\}=F(1)-F(1-0)=1-e^{-1}-\frac{1}{2}=\frac{1}{2}-e^{-1}$.

2. 答案 A　【解析】由分布函数性质：$\lim\limits_{x\to+\infty}F_1(x)=\lim\limits_{x\to+\infty}F_2(x)=1=\lim\limits_{x\to+\infty}F(x)=a-b$. 故选 A.

3. 答案 D　【解析】由分布函数性质，有

   对选项 A：$\lim\limits_{x\to+\infty}F(x)=0\neq 1$，故排除 A.

   对选项 B：$\lim\limits_{x\to-\infty}F(x)=\frac{3}{4}-\frac{1}{2\pi}\cdot\frac{\pi}{2}\neq 0$，故排除 B.

   对选项 C：$F\left(\frac{1}{2}\right)=\frac{1}{16}+1>1$ 或 $\lim\limits_{x\to1^-}F(x)=\lim\limits_{x\to1^-}\left(\frac{x^3}{2}+1\right)=\frac{3}{2}>1$，不满足单调递增.

   故应选 D. 事实上，对于选项 D，$F(x)=e^{-e^{-x}}$ 在 $(-\infty,+\infty)$ 上可导，且

   $$F'(x)=e^{-e^{-x}}\cdot e^{-x}>0,\ \lim_{x\to-\infty}F(x)=0,\ \lim_{x\to+\infty}F(x)=1,$$

   故 $0<F(x)<1,\forall x\in(-\infty,+\infty)$，且在 $(-\infty,+\infty)$ 上单调递增且连续.

4. 答案 B　【解析】由分布律性质，有 $0\leqslant P\{X=k\}=c\frac{\lambda^k}{k!}e^{-\lambda}(k=0,2,4,\cdots)$，故 $c>0$. 由于 k 为偶数，故 $\lambda\neq 0$ 且 λ 可以为负. 故应选 B.

5. 答案 A　【解析】由 $X_2\sim N(0,2^2)$，$X_3\sim N(5,3^2)$ 可知 $\frac{X_2}{2}\sim N(0,1)$，$\frac{X_3-5}{3}\sim N(0,1)$，故

   $$P_1=P\{-2\leqslant X_1\leqslant 2\}=\Phi(2)-\Phi(-2),$$

   $$P_2=P\{-2\leqslant X_2\leqslant 2\}=P\left\{-1\leqslant\frac{X_2}{2}\leqslant 1\right\}=\Phi(1)-\Phi(-1),$$

   $$P_3=P\{-2\leqslant X_3\leqslant 2\}=P\left\{\frac{-7}{3}\leqslant\frac{X_3-5}{3}\leqslant -1\right\}=\Phi(-1)-\Phi\left(-\frac{7}{3}\right).$$

   由标准正态分布概率密度函数图象性质可知：$P_1>P_2>P_3$. 故应选 A.

6. 答案 A　【解析】$f_1(x)=\Phi(x)=\frac{1}{\sqrt{2\pi}}e^{-\frac{x^2}{2}}$，$f_2(x)=\begin{cases}\frac{1}{4}, & -1\leqslant x\leqslant 3\\ 0 & \text{其他}\end{cases}$。

   由分布函数的规范性：

$$1=\int_{-\infty}^{+\infty}f(x)\mathrm{d}x=a\int_{-\infty}^{0}f_1(x)\mathrm{d}x+b\int_{0}^{+\infty}f_2(x)\mathrm{d}x$$

$$=a[\Phi(0)-\Phi(-\infty)]+b\int_{0}^{3}\frac{1}{4}\mathrm{d}x=\frac{1}{2}a+\frac{3}{4}b,$$

所以 $2a+3b=4$，故选 A.

7. 答案 C 【解析】由 $X\sim N(\mu,\sigma^2)$ 可知，$\frac{X-\mu}{\sigma}\sim N(0,1)$，故 $P\{|X-\mu|<\sigma\}=$ $P\left\{\left|\frac{X-\mu}{\sigma}\right|<1\right\}=2\Phi(1)-1$，故应选 C.

8. 答案 A 【解析】由 $X\sim N(\mu_1,\sigma_1^2)$，$Y\sim N(\mu_2,\sigma_2^2)$ 可知，$\frac{X-\mu_1}{\sigma_1}\sim N(0,1)$，$\frac{Y-\mu_2}{\sigma_2}\sim N(0,1)$，

故 $P\{|X-\mu_1|<1\}=P\left\{\left|\frac{X-\mu_1}{\sigma_1}\right|<\frac{1}{\sigma_1}\right\}=2\Phi\left(\frac{1}{\sigma_1}\right)-1$，

$$P\{|Y-\mu_2|<1\}=P\left\{\left|\frac{Y-\mu_2}{\sigma_2}\right|<\frac{1}{\sigma_2}\right\}=2\Phi\left(\frac{1}{\sigma_2}\right)-1.$$

由题设得 $2\Phi\left(\frac{1}{\sigma_1}\right)-1>2\Phi\left(\frac{1}{\sigma_2}\right)-1$，即 $\Phi\left(\frac{1}{\sigma_1}\right)>\Phi\left(\frac{1}{\sigma_2}\right)$，

由 $\Phi(x)$ 单调递增，得 $\frac{1}{\sigma_1}>\frac{1}{\sigma_2}$，即 $\sigma_2>\sigma_1$. 故应选 A.

9. 答案 D 【解析】由于 $f_1(x)F_2(x)+f_2(x)F_1(x)\geqslant 0$，且

$$\int_{-\infty}^{+\infty}[f_1(x)F_2(x)+f_2(x)F_1(x)]\mathrm{d}x=[F_1(x)F_2(x)]\Big|_{-\infty}^{+\infty}=1,$$

故应选 D.

10. 答案 B 【解析】由分布律的性质，有 $1=\sum_{k=1}^{+\infty}p_k=\sum_{k=1}^{+\infty}\frac{b}{k(k+1)}=b\sum_{k=1}^{+\infty}\left(\frac{1}{k}-\frac{1}{k+1}\right)=b$，

故应选 B.

11. 答案 A 【解析】由于随机变量 X 是连续型随机变量，于是

$$P\left\{X<\frac{1}{3}\right\}=1-P\left\{X\geqslant\frac{1}{3}\right\}=1-P\left\{X>\frac{1}{3}\right\},$$

由已知条件可得 $P\left\{X<\frac{1}{3}\right\}=\frac{1}{2}$.

又 $P\left\{X<\frac{1}{3}\right\}=\int_{-\infty}^{\frac{1}{3}}f(x)\mathrm{d}x=\int_{0}^{\frac{1}{3}}(ax+b)\mathrm{d}x=\frac{1}{18}a+\frac{1}{3}b$，

从而 $\frac{1}{18}a+\frac{1}{3}b=\frac{1}{2}$.

又因为 $1=\int_{-\infty}^{+\infty}f(x)\mathrm{d}x=\int_{0}^{1}(ax+b)\mathrm{d}x=\frac{1}{2}a+b$，解得 $a=-\frac{3}{2}$，$b=\frac{7}{4}$.

12. 答案 B 【解析】根据已知条件，随机变量 X 的分布律为 $P\{X=k\}=\frac{\lambda^k}{k!}\mathrm{e}^{-\lambda}$，

由 $P\{X=2\}=P\{X=3\}$，得 $\frac{\lambda^2}{2!}\mathrm{e}^{-\lambda}=\frac{\lambda^3}{3!}\mathrm{e}^{-\lambda}$，从而 $\lambda=3$，

因此，$P\{X=4\}=\frac{\lambda^4}{4!}e^{-\lambda}=\frac{81}{24}e^{-3}=\frac{27}{8}e^{-3}$，故应选 B.

13. 答案 A 【解析】由 $X\sim N(\mu,4^2)$，$Y\sim N(\mu,5^2)$ 可得$\frac{X-\mu}{4}\sim N(0,1)$，$\frac{Y-\mu}{5}\sim N(0,1)$，故

$$p_1=P\{X\leqslant \mu-4\}=P\left\{\frac{X-\mu}{4}\leqslant -1\right\}=\Phi(-1)=1-\Phi(1),$$

$$p_2=P\{Y\geqslant \mu+5\}=P\left\{\frac{Y-\mu}{5}\geqslant 1\right\}=1-\Phi(1),$$

因此，对任意实数 μ，都有 $p_1=p_2$. 故应选 A.

14. 答案 C 【解析】根据标准正态分布概率密度函数的性质及对称性可得

$$\alpha=P\{|X|<x\}=2\Phi(x)-1=2P\{X\leqslant x\}-1$$
$$=2(1-P\{X>x\})-1=1-2P\{X>x\},$$

由已知条件可得，即 $P\{X>x\}=\frac{1-\alpha}{2}$，又 $0<\alpha<1$，故 $x=u_{(1-\alpha)/2}$. 故应选 C.

15. 答案 B 【解析】由于 $F_Y(y)=P\{Y\leqslant y\}=P\{2X\leqslant y\}=P\left\{X\leqslant \frac{y}{2}\right\}=F_X\left(\frac{y}{2}\right)$，

故 $f_Y(y)=F'_Y(y)=f_X\left(\frac{y}{2}\right)\cdot\frac{1}{2}=\frac{2}{\pi(4+y^2)}$. 因此应选 B.

16. 答案 $\frac{19}{27}$ 【解析】由于 $X\sim B(2,p)$，故$\frac{5}{9}=P\{X\geqslant 1\}=1-P\{X=0\}=1-(1-p)^2$，于是

$p=\frac{1}{3}$ 或 $p=\frac{5}{3}$（舍）.

又 $Y\sim B(3,p)$，故 $P\{Y\geqslant 1\}=1-P\{Y=0\}=1-(1-p)^3=\frac{19}{27}$.

17. 答案 $1-e^{-1}$ 【解析】由指数分布的无记忆性，有

$$P\{Y\leqslant a+1\mid Y>a\}=1-P\{Y>a+1\mid Y>a\}$$
$$=1-P\{Y>1\}=P\{Y\leqslant 1\}=1-e^{-1}.$$

18. 答案 $\frac{3}{5}$ 【解析】由 $4x^2+4kx+k+2=0$ 有实根，可得 $\Delta=(4k)^2-4\times 4\times(k+2)\geqslant 0$，

解得 $k\leqslant -1$ 或 $k\geqslant 2$，

于是方程有实根的概率为 $P\{k\leqslant -1\}+P\{k\geqslant 2\}=0+\frac{3}{5}=\frac{3}{5}$.

19. 答案 0.2 【解析】由题设可知$\frac{X-2}{\sigma}\sim N(0,1)$，以及

$$0.3=P\{2<X<4\}=P\left\{0<\frac{X-2}{\sigma}<\frac{2}{\sigma}\right\}=\Phi\left(\frac{2}{\sigma}\right)-\Phi(0)=\Phi\left(\frac{2}{\sigma}\right)-0.5,$$

即 $\Phi\left(\frac{2}{\sigma}\right)=0.8$，故 $P\{X<0\}=P\left\{\frac{X-2}{\sigma}<-\frac{2}{\sigma}\right\}=\Phi\left(-\frac{2}{\sigma}\right)=1-\Phi\left(\frac{2}{\sigma}\right)=0.2$.

20. 答案 1 【解析】由于 $1=\int_{-\infty}^{+\infty}f(x)dx=\int_{-\infty}^{0}f(x)dx+\int_{0}^{A}f(x)dx+\int_{A}^{+\infty}f(x)dx$

$$=\int_0^A 2x\mathrm{d}x = A^2,$$

故解得 $A=1$ 或 $A=-1$(舍).

21. 答案 5 【解析】由于 $1=\int_{-\infty}^{+\infty}f(x)\mathrm{d}x=\int_{-\infty}^{0}f(x)\mathrm{d}x+\int_0^1 f(x)\mathrm{d}x+\int_0^{+\infty}f(x)\mathrm{d}x$

$$=\int_0^1 cx^4\mathrm{d}x=\frac{c}{5},$$

故解得 $c=5$.

22. 答案 $1\leqslant k\leqslant 3$ 【解析】随机变量 X 的分布函数为

$$F(x)=\int_{-\infty}^{x}f(t)\mathrm{d}t=\begin{cases}0, & x<0\\ \int_0^x \frac{1}{3}\mathrm{d}t, & 0\leqslant x<1\\ \int_0^1\frac{1}{3}\mathrm{d}t+\int_1^x 0\mathrm{d}t, & 1\leqslant x<3\\ \int_0^3\frac{1}{3}\mathrm{d}t+\int_3^x\frac{2}{9}\mathrm{d}t, & 3\leqslant x\leqslant 6\\ 1, & x>6\end{cases}=\begin{cases}0, & x<0\\ \frac{1}{3}x, & 0\leqslant x<1\\ \frac{1}{3}, & 1\leqslant x<3,\\ \frac{2}{9}x-\frac{1}{3}, & 3\leqslant x\leqslant 6\\ 1, & x>6\end{cases}$$

由 $\frac{2}{3}=P\{X\geqslant k\}=1-P\{x<k\}=1-F(k)$,得 $F(k)=\frac{1}{3}$,故 $1\leqslant k\leqslant 3$.

23. 答案 4 【解析】二次方程 $y^2+4y+X=0$ 无实根的充分必要条件是 $\Delta=4^2-4X<0$,即 $X>4$,从而方程无实根的概率为

$$P=P\{X>4\}=P\left\{\frac{X-\mu}{\sigma}>\frac{4-\mu}{\sigma}\right\}=1-\Phi\left(\frac{4-\mu}{\sigma}\right).$$

由已知条件得 $1-\Phi\left(\frac{4-\mu}{\sigma}\right)=\frac{1}{2}$,即 $\Phi\left(\frac{4-\mu}{\sigma}\right)=\frac{1}{2}$,解得 $\frac{4-\mu}{\sigma}=0$,即 $\mu=4$.

24. 答案 由题意可知,X 的分布函数 $F(x)=\begin{cases}0, & x<1\\ \frac{2}{6}, & 1\leqslant x<4\\ \frac{3}{6}, & 4\leqslant x<6\\ \frac{5}{6}, & 6\leqslant x<10\\ 1, & x\geqslant 10\end{cases}$,则有

$$P\{2<X\leqslant 6\}=F(6)-F(2)=\frac{5}{6}-\frac{2}{6}=\frac{1}{2},$$

$$P\{X<4\}=P\{X\leqslant 4\}-P\{X=4\}=\frac{3}{6}-\frac{1}{6}=\frac{1}{3},$$

$$\begin{aligned}P\{1\leqslant X<5\}&=P\{1<X\leqslant 5\}-P\{X=5\}+P\{X=1\}\\&=F(5)-F(1)-P\{X=5\}+P\{X=1\}\\&=\frac{3}{6}-\frac{2}{6}-0+\frac{2}{6}=\frac{1}{2}.\end{aligned}$$

25. 答案 因为$P\{x=-1\}=F(-1)-F(-1-0)=\frac{1}{4}-0=\frac{1}{4}$，

$$P\{x=0\}=F(0)-F(0-0)=\frac{3}{4}-\frac{1}{4}=\frac{1}{2},$$

$$P\{x-1\}=F(1)-F(1-0)=1-\frac{3}{4}=\frac{1}{4},$$

所以 X 的分布律为

X	-1	0	1
p_k	$\frac{1}{4}$	$\frac{1}{2}$	$\frac{1}{4}$

.

26. 答案 由$\frac{3}{4}=P\{X\geqslant 2\}=P\{X=2\}+P\{X=3\}=2\theta(1-\theta)+(1-\theta)^2=-\theta^2+1$，

可得 $\theta=\frac{1}{2}$ 或 $\theta=-\frac{1}{2}$.

又 $2\theta(1-\theta)=P\{X=2\}\geqslant 0$，解得 $0<\theta<1$，故 $\theta=\frac{1}{2}$.

27. 答案 由题意可知，X 的可能取值分别为 3，4，5，且

$P\{X=3\}=\frac{1}{C_5^3}=\frac{1}{10}$，$P\{X=4\}=\frac{1\times C_3^2}{C_5^3}=\frac{3}{10}$，

$P\{X=5\}=1-P\{X=4\}-P\{X=3\}=\frac{6}{10}$，

故随机变量 X 的分布律为

X	3	4	5
p	$\frac{1}{10}$	$\frac{3}{10}$	$\frac{6}{10}$

.

28. 答案 (1) **方法一**（直接计算） $P\{x=k\}=\frac{4^k}{k!}e^{-4}$，$k=0,1,2,\cdots$，

$$P\{X=8\}=\frac{4^8}{8!}e^{-4}=0.029770.$$

方法二（查表法） $P\{X=8\}=P\{X\geqslant 8\}-P\{X\geqslant 9\}$

$$=0.051134-0.021363=0.029771.$$

(2)（查表法）$P\{X>10\}=1-P\{X\leqslant 10\}=1-\sum_{k=0}^{10}\frac{e^{-4}\cdot 4^k}{k!}\approx 1-0.9972=0.0028$.

29. 答案 由题意可知，X 的可能取值分别为 1，2，3，…，且事件“第 k 次命中目标”等价于“前 $k-1$ 次未命中，第 k 次命中”，则有 $P\{X=k\}=(1-p)^{k-1}p$，$k=1,2,3,\cdots$.

30. 答案 (1) 注意到 $F_X(x)$ 在$(-\infty,+\infty)$上连续，故

$P\{X<2\}=F_X(2)=\ln 2$，$P\{0<X\leqslant 3\}=F_X(3)-F_X(0)=1$，

$P\left\{2<X<\frac{5}{2}\right\}=F_X\left(\frac{5}{2}\right)-F_X(2)=\ln\frac{5}{2}-\ln 2=\ln\frac{5}{4}$.

(2) $f_X(x)=F'_X(x)=\begin{cases}\dfrac{1}{x}, & 1<x<\mathrm{e}\\ 0, & \text{其他}\end{cases}$.

31. 答案 一只电子管寿命大于 1500 小时的概率

$$p=P\{X>1500\}=\int_{1500}^{+\infty}f(x)\mathrm{d}x=\int_{1500}^{+\infty}\frac{1000}{x^2}\mathrm{d}x=\frac{1000}{1500}=\frac{2}{3}.$$

设 Y 表示"任取 5 只电子管,其中寿命大于 1500 小时的个数",则 $Y\sim B(5,p)$,故

$$P\{Y\geqslant 2\}=1-P\{Y<2\}=1-P\{Y=0\}-P\{Y=1\}$$
$$=1-\mathrm{C}_5^0\left(\frac{2}{3}\right)^0\left(\frac{1}{3}\right)^5-\mathrm{C}_5^1\left(\frac{2}{3}\right)\left(\frac{1}{3}\right)^4=\frac{232}{243}.$$

32. 答案 该顾客一次等待服务未成而离去的概率

$$p=P\{X>10\}=\int_{10}^{+\infty}f_X(x)\mathrm{d}x=\frac{1}{5}\int_{10}^{+\infty}\mathrm{e}^{-\frac{1}{5}x}\mathrm{d}x=\mathrm{e}^{-2}.$$

故 $Y\sim B(5,\mathrm{e}^{-2})$,$P\{Y=k\}=\mathrm{C}_5^k\mathrm{e}^{-2k}(1-\mathrm{e}^{-2})^{5-k}$,$k=0,1,2,3,4,5$,

于是 $P\{Y\geqslant 1\}=1-P\{Y=0\}=1-(1-\mathrm{e}^{-2})^5=0.5167$.

33. 答案 由 $X\sim N(\mu,\sigma^2)$ 可知 $\dfrac{X-\mu}{\sigma}\sim N(0,1)$,故

$$P\{\alpha<X\leqslant\beta\}=P\{\alpha\leqslant X<\beta\}=P\{\alpha<X<\beta\}=P\{\alpha\leqslant X\leqslant\beta\}$$
$$=P\left\{\frac{\alpha-\mu}{\sigma}\leqslant\frac{X-\mu}{\sigma}\leqslant\frac{\beta-\mu}{\sigma}\right\}=\Phi\left(\frac{\beta-\mu}{\sigma}\right)-\Phi\left(\frac{\alpha-\mu}{\sigma}\right).$$

(1) $P\{2<X\leqslant 5\}=\Phi\left(\dfrac{5-3}{2}\right)-\Phi\left(\dfrac{2-3}{2}\right)=\Phi(1)-\Phi(-0.5)=0.5328$,

$$P\{-4<X\leqslant 10\}=\Phi\left(\frac{10-3}{2}\right)-\Phi\left(\frac{-4-3}{2}\right)=\Phi(3.5)-\Phi(-3.5)$$
$$=2\Phi(3.5)-1=0.9996,$$

$$P\{|X|>2\}=1-P\{|X|\leqslant 2\}=1-P\{-2\leqslant X\leqslant 2\}$$
$$=1-\left[\Phi\left(\frac{2-3}{2}\right)-\Phi\left(\frac{-2-3}{2}\right)\right]=1-\Phi(-0.5)+\Phi(-2.5)=0.6977,$$

$$P\{X>3\}=1-P\{X\leqslant 3\}=1-\Phi\left(\frac{3-3}{2}\right)=1-\Phi(0)=0.5.$$

(2) 由于 $\Phi\left(\dfrac{C-3}{2}\right)=P\{X\leqslant C\}=P\{X>C\}=1-P\{X\leqslant C\}=1-\Phi\left(\dfrac{C-3}{2}\right)$,

故 $\Phi\left(\dfrac{C-3}{2}\right)=\dfrac{1}{2}$,于是 $C=3$.

34. 答案 由于

X	-2	-1	0	1	2
p_k	$\frac{1}{5}$	$\frac{1}{6}$	$\frac{1}{5}$	$\frac{1}{15}$	$\frac{11}{30}$
$Y=X^2$	4	1	0	1	4

,

故 Y 的分布律为

Y	0	1	4
p	$\frac{1}{5}$	$\frac{7}{30}$	$\frac{17}{30}$

.

35. 【答案】由于 $y=e^x$ 单调递增，其反函数为 $x=\ln y(y>0)$，且 $\frac{dx}{dy}=\frac{1}{y}>0(y>0)$，于是

$$f_Y(y)=\begin{cases} f_x(\ln y)\cdot\frac{dx}{dy}, & y>1 \\ 0, & \text{其他}\end{cases}=\begin{cases}\frac{1}{y^2}, & y>1 \\ 0, & \text{其他}\end{cases}.$$

36. 【答案】由题设可知，X 的概率密度为 $f_X(x)=\begin{cases}\frac{1}{2}, & 0<x<2 \\ 0, & \text{其他}\end{cases}$.

方法一（公式法）由于 $y=x^2$ 在 $(0,4)$ 单调递增，其反函数为 $x=\sqrt{y}(0<y<16)$，且 $\frac{dx}{dy}=\frac{1}{2\sqrt{y}}>0$，

于是 $f_Y(y)=\begin{cases} f_X(\sqrt{y})\cdot\frac{dx}{dy}, & 0<y<16 \\ 0, & \text{其他}\end{cases}=\begin{cases}\frac{1}{4\sqrt{y}}, & 0<y<4 \\ 0, & \text{其他}\end{cases}$.

方法二（分布函数法）设 Y 的分布函数为 $F_Y(y)$，则

$$F_Y(y)=P\{Y\leqslant y\}=P\{X^2\leqslant y\}=\begin{cases}P\{-\sqrt{y}<X\leqslant\sqrt{y}\}, & y>0 \\ 0, & y\leqslant 0\end{cases}$$

$$=\begin{cases}P\{0<X\leqslant\sqrt{y}\}, & \sqrt{y}<2 \\ 1, & \sqrt{y}\geqslant 2 \\ 0, & y\leqslant 0\end{cases}=\begin{cases}\frac{\sqrt{y}}{2}, & 0<y<4 \\ 1, & y\geqslant 4 \\ 0, & y\leqslant 0\end{cases},$$

于是 $f_Y(y)=F'_Y(y)=\begin{cases}\frac{1}{4\sqrt{y}}, & 0<y<4 \\ 0, & \text{其他}\end{cases}$.

37. 【答案】(1) 由概率密度函数性质可知，$1=\int_{-\infty}^{+\infty}f(x)dx=\int_0^1 Ax(1-x)^3dx=\frac{A}{20}$，

故 $A=20$.

(2) 此时 $f(x)=\begin{cases}20x(1-x)^3, & 0\leqslant x\leqslant 1 \\ 0, & \text{其他}\end{cases}$,

故 X 的分布函数

$$F(x)=\int_{-\infty}^{x}f(t)dt=\begin{cases}\int_{-\infty}^{x}0dt, & x<0 \\ \int_{-\infty}^{0}0dt+\int_0^x 20t(1-t)^3dt, & 0\leqslant x<1 \\ 1, & x\geqslant 1\end{cases},$$

$$=\begin{cases}0, & x<0\\ -4x^5+15x^4-20x^3+10x^2, & 0\leqslant x<1\\ 1, & x\geqslant 1\end{cases}.$$

(3) 记 $p=P\{X<0.5\}=F(0.5)=\dfrac{13}{16}$，设 Z 表示在 n 次独立观察中 $\{X<0.5\}$ 出现的次数，则 $Z\sim B(n,p)$. 于是

$$p=P\{Z\geqslant 1\}=1-P\{Z=0\}=1-C_n^0p^0(1-p)^n=1-\left(\frac{3}{16}\right)^n.$$

(4) 函数 $y=x^3$ 单调增加，其反函数为 $x=y^{\frac{1}{3}}$，且 $\dfrac{dx}{dy}=\dfrac{1}{3}y^{-\frac{2}{3}}$，于是 $Y=X^3$ 的概率密度为

$$f_Y(y)=\begin{cases}f(y^{\frac{1}{3}})\cdot\dfrac{dx}{dy}, & 0<y\leqslant 1\\ 0, & \text{其他}\end{cases}=\begin{cases}\dfrac{20}{3}y^{-\frac{1}{3}}(1-y^{\frac{1}{3}})^3, & 0<y\leqslant 1\\ 0, & \text{其他}\end{cases}.$$

38. 答案 X 的概率密度函数为 $\varphi(x)=\dfrac{1}{\sqrt{2\pi}}e^{-\frac{x^2}{2}}$，分布函数为 $\Phi(x)=\int_{-\infty}^{x}\varphi(t)dt(-\infty<x<+\infty)$.

(1) $Y=e^X$ 的分布函数 $F_Y(y)=P\{Y\leqslant y\}=P\{e^X\leqslant y\}$

$$=\begin{cases}0, & y\leqslant 0\\ P\{X\leqslant \ln y\}=\Phi(\ln y), & y>0\end{cases}=\begin{cases}0, & y\leqslant 0\\ \Phi(\ln y), & y>0\end{cases},$$

于是 $Y=e^X$ 的概率密度 $f_Y(y)=F'_Y(y)=\begin{cases}\dfrac{1}{y}\varphi(\ln y), & y>0\\ 0, & y\leqslant 0\end{cases}=\begin{cases}\dfrac{1}{\sqrt{2\pi}}\dfrac{1}{y}e^{-\frac{1}{2}(\ln y)^2}, & y>0\\ 0, & y\leqslant 0\end{cases}.$

(2) $Y=2X^2+1$ 的分布函数

$$F_Y(y)=P\{Y\leqslant y\}=P\{2X^2+1\leqslant y\}$$

$$=\begin{cases}0, & y\leqslant 1\\ P\left\{-\sqrt{\dfrac{y-1}{2}}\leqslant X\leqslant\sqrt{\dfrac{y-1}{2}}\right\}, & y>1\end{cases}$$

$$=\begin{cases}0, & y\leqslant 1\\ 2\Phi\left(\sqrt{\dfrac{y-1}{2}}\right)-1, & y>1\end{cases},$$

于是 $Y=2X^2+1$ 的概率密度，

$$f_Y(y)=F'_Y(y)=\begin{cases}2\varphi\left(\sqrt{\dfrac{y-1}{2}}\right)\cdot\dfrac{1}{2}\dfrac{\frac{1}{2}}{\sqrt{\dfrac{y-1}{2}}}, & y>1\\ 0, & y\leqslant 1\end{cases}=\begin{cases}\dfrac{1}{2\sqrt{\pi(y-1)}}e^{-\frac{(y-1)}{4}}, & y>1\\ 0, & y\leqslant 1\end{cases}.$$

(3) $Y=|X|$ 的分布函数

$$F_Y(y)=P\{Y\leqslant y\}=P\{|X|\leqslant y\}$$

$$=\begin{cases}0, & y\leqslant 0\\ P\{-y\leqslant X\leqslant y\}, & y>0\end{cases}$$

$$=\begin{cases}0, & y\leqslant 0\\ 2\Phi(y)-1, & y>0\end{cases},$$

于是 $Y=|X|$ 的概率密度

$$f_Y(y)=F'_Y(y)=\begin{cases}2\varphi(y), & y>0\\ 0, & y\leqslant 0\end{cases}=\begin{cases}\sqrt{\dfrac{2}{\pi}}\mathrm{e}^{-\frac{y^2}{2}}, & y>0\\ 0, & y\leqslant 0\end{cases}.$$

39. 答案 (1) 由分布函数的性质得

$1=F(+\infty)=\lim\limits_{x\to+\infty}F(x)=d, 0=F(-\infty)=\lim\limits_{x\to-\infty}F(x)=a,$

$b+c=F(1)=\lim\limits_{x\to1^+}F(x)=d, a=F(0)=\lim\limits_{x\to0^+}F(x)=c,$

故 $a=c=0, b=d=1$，此时 $F(x)=\begin{cases}0, & x\leqslant 0\\ x^2, & 0<x\leqslant 1.\\ 1, & x>1\end{cases}$

(2) $P\{0.3<X\leqslant 0.7\}=F(0.7)-F(0.3)=0.7^2-0.3^2=0.4.$

40. 答案 由题意随机变量 X 的所有可能取值为 $0,1,2,4$. 设 X_1,X_2 分别表示两次抽取得到的号码数，则

$$\begin{aligned}P\{X=0\}&=P\{X_1=0\cup X_2=0\}\\&=P\{X_1=0\}+P\{X_2=0\}-P\{X_1=0\}P\{X_2=0\}\\&=\frac{1}{4}+\frac{1}{4}-\frac{1}{4}\times\frac{1}{4}=\frac{7}{16},\end{aligned}$$

$P\{X=1\}=P\{X_1=1,X_2=1\}=P\{X_1=1\}P\{X_2=1\}=\dfrac{2}{4}\times\dfrac{2}{4}=\dfrac{1}{4},$

$P\{X=4\}=P\{X_1=2,X_2=2\}=P\{X_1=2\}P\{X_2=2\}=\dfrac{1}{4}\times\dfrac{1}{4}=\dfrac{1}{16},$

故 $P\{X=2\}=1-P\{X=0\}-P\{X=1\}-P\{X=4\}=1-\dfrac{7}{16}-\dfrac{1}{4}-\dfrac{1}{16}=\dfrac{1}{4},$

因此，X 的分布律为

X	0	1	2	4
p	$\frac{7}{16}$	$\frac{1}{4}$	$\frac{1}{4}$	$\frac{1}{16}$

.

41. 答案 由题意可知，X 的取值只能是 $1,2,3$. 由已知条件，得

$$P\{X=1\}=\frac{8}{10}=\frac{4}{5}, P\{X=2\}=\frac{2\times8}{10\times9}=\frac{8}{45}, P\{X=3\}=\frac{2\times1\times8}{10\times9\times8}=\frac{1}{45}.$$

由分布函数的定义 $F(x)=P\{X\leqslant x\}$，有

当 $x<1$ 时，$F(x)=P\{X\leqslant x\}=P\{\varnothing\}=0$；

当 $1\leqslant x<2$ 时，$F(x)=P\{X\leqslant x\}=P\{X=1\}=\dfrac{4}{5}$；

当 $2 \leqslant x < 3$ 时，$F(x) = P\{X \leqslant x\} = P\{X = 1\} + P\{X = 2\} = \frac{44}{45}$；

当 $x \geqslant 3$ 时，$F(x) = P\{X \leqslant x\} = P\{X = 1\} + P\{X = 2\} + P\{X = 3\} = 1$，

故所求分布函数为 $F(x) = \sum\limits_{k \leqslant x} P\{X = k\} = \begin{cases} 0, & x < 1 \\ \frac{4}{5}, & 1 \leqslant x < 2 \\ \frac{44}{45}, & 2 \leqslant x < 3 \\ 1, & x \geqslant 3 \end{cases}$.

42. 答案 设 X 的分布函数为 $F(x)$，即 $F(x) = P\{X \leqslant x\}$. 由已知可得

当 $x < 0$ 时，$\{X \leqslant x\}$ 是不可能事件，则 $F(x) = 0$；

当 $x > 1$ 时，$\{X \leqslant x\}$ 是必然事件，则 $F(x) = 1$；

当 $0 \leqslant x \leqslant 1$ 时，由 $|\Omega| = S_D = \int_0^1 (x - x^2)\mathrm{d}x = \frac{1}{6}$，$|D_x| = \int_0^x (t - t^2)\mathrm{d}t = \frac{x^2}{2} - \frac{x^3}{3}$，

可得 $F(x) = P\{X \leqslant x\} = \frac{|S_D|}{|\Omega|} = 3x^2 - 2x^3$，

综上所述，随机变量 X 的分布函数为 $F(x) = \begin{cases} 0, & x < 0 \\ 3x^2 - 2x^3, & 0 \leqslant x \leqslant 1 \\ 1, & x > 1 \end{cases}$.

43. 答案 (1) 由分布函数的性质可知

$\lim\limits_{x \to +\infty} F(x) = \lim\limits_{x \to +\infty} (A + B\mathrm{e}^{-\frac{x^2}{2}}) = A = 1$，

$\lim\limits_{x \to 0^+} F(x) = \lim\limits_{x \to 0^+} (A + B\mathrm{e}^{-\frac{x^2}{2}}) = A + B = \lim\limits_{x \to 0^-} F(x) = 0$，

故 $A = 1, B = -1$.

(2) 由已知条件得 $P\{-1 < X < 1\} = P\{X < 1\} - P\{X \leqslant -1\} = F(1) - F(-1-0)$，

又 X 是连续型随机变量，所以 $F(x)$ 是连续函数，故 $F(-1-0) = F(-1)$，

从而 $P\{-1 < X < 1\} = F(1) - F(-1) = (1 - \mathrm{e}^{-\frac{1}{2}}) - 0 = 1 - \frac{1}{\sqrt{\mathrm{e}}}$.

(3) X 的概率密度函数 $f(x) = F'(x) = \begin{cases} x\mathrm{e}^{-\frac{x^2}{2}}, & x > 0 \\ 0, & x \leqslant 0 \end{cases}$.

44. 答案 (1) 由于 $1 = \int_{-\infty}^{+\infty} f(x)\mathrm{d}x = \int_{-\infty}^{-1} 0\mathrm{d}x + \int_{-1}^{0} (c + x)\mathrm{d}x + \int_0^1 (c - x)\mathrm{d}x + \int_1^{+\infty} 0\mathrm{d}x = 2c - 1$，

故 $c = 1$.

(2) $P\{|X| \leqslant 0.5\} = \int_{-0.5}^{0.5} f(x)\mathrm{d}x = \int_{-0.5}^{0} (1 + x)\mathrm{d}x + \int_0^{0.5} (1 - x)\mathrm{d}x = 0.75$.

(3) 当 $x < -1$ 时，$F(x) = \int_{-\infty}^{x} f(t)\mathrm{d}t = \int_{-\infty}^{x} 0\mathrm{d}t = 0$；

当 $-1 \leqslant x < 0$ 时，$F(x) = \int_{-\infty}^{x} f(t)\mathrm{d}t = \int_{-\infty}^{-1} 0\mathrm{d}t + \int_{-1}^{x} (1 + t)\mathrm{d}t = \frac{1}{2}(1 + x)^2$；

当 $0\leqslant x<1$ 时，$F(x)=\int_{-\infty}^{x}f(t)\mathrm{d}t=\int_{-\infty}^{-1}0\mathrm{d}t+\int_{-1}^{0}(1+t)\mathrm{d}t+\int_{0}^{x}(1-t)\mathrm{d}t=1-\frac{1}{2}(1-x)^2$；

当 $x\geqslant 1$ 时，$F(x)=\int_{-\infty}^{x}f(t)\mathrm{d}t=\int_{-\infty}^{-1}0\mathrm{d}t+\int_{-1}^{0}(1+t)\mathrm{d}t+\int_{0}^{1}(1-t)\mathrm{d}t+\int_{1}^{x}0\mathrm{d}t=1$，

故所求分布函数 $F(x)=\begin{cases}0, & x<-1\\ \frac{1}{2}(1+x)^2, & -1\leqslant x<0\\ 1-\frac{1}{2}(1-x)^2, & 0\leqslant x<1\\ 1, & x\geqslant 1\end{cases}$.

45. 答案 设报名者的成绩为 X，由题意知，$X\sim N(\mu,\sigma^2)$.

因为 $P\{X>90\}=1-P\{X\leqslant 90\}=1-\Phi\left(\frac{90-\mu}{\sigma}\right)=\frac{359}{10000}$，

$$P\{X<60\}=\Phi\left(\frac{60-\mu}{\sigma}\right)=\frac{1151}{10000},$$

于是 $\Phi\left(\frac{90-\mu}{\sigma}\right)=1-0.0359=0.9641$，$\Phi\left(\frac{60-\mu}{\sigma}\right)=0.1151$.

查表得 $\frac{90-\mu}{\sigma}=1.8$，$\frac{60-\mu}{\sigma}=-1.2$，解之得 $\mu=72$，$\sigma=10$.

设录用者的最低分数为 x，由题意得，

$$P\{X>x\}=1-P\{X\leqslant x\}=1-\Phi\left(\frac{x-\mu}{\sigma}\right)=\frac{2500}{10000},$$

即 $\Phi\left(\frac{x-\mu}{\sigma}\right)=1-0.25=0.75$，查表得 $\frac{x-\mu}{\sigma}=0.675$，

故所录用者的最低分数为 $x=\mu+0.675\sigma=72+0.675\times 10\approx 79$.

46. 答案 **方法一**（分布函数法）由于 $F_Y(y)=P\{Y\leqslant y\}=P\{\mathrm{e}^X\leqslant y\}$. 故

当 $y<1$ 时，$F_Y(y)=P\{\mathrm{e}^X\leqslant y\}=P\{\varnothing\}=0$；

当 $1\leqslant y<\mathrm{e}^4$ 时，$F_Y(y)=P\{X\leqslant \ln y\}=F_X(\ln y)=\int_{1}^{\ln y}\frac{x}{8}\mathrm{d}x=\frac{\ln^2 y}{16}-\frac{1}{16}$；

当 $y\geqslant \mathrm{e}^4$ 时，$F_Y(y)=P\{\mathrm{e}^x\leqslant y\}=1$，

所以所求随机变量 Y 的概率密度函数为

$$f_Y(y)=F'_Y(y)=\begin{cases}\frac{\ln y}{8y}, & 1<y<\mathrm{e}^4\\ 0, & \text{其他}\end{cases}.$$

方法二（公式法）$Y=\mathrm{e}^X$ 对应的函数 $y=\mathrm{e}^x$ 是单调函数，其反函数 $x=\ln y$，且 $\frac{\mathrm{d}x}{\mathrm{d}y}=\frac{1}{y}$，

当 $0\leqslant x\leqslant 4$ 时，$1\leqslant y\leqslant \mathrm{e}^4$，从而

$$f_Y(y)=\begin{cases}f_X(\ln y)\left|\frac{\mathrm{d}x}{\mathrm{d}y}\right|, & 1\leqslant y\leqslant \mathrm{e}^4\\ 0, & \text{其他}\end{cases}=\begin{cases}\frac{\ln y}{8y}, & 1\leqslant y\leqslant \mathrm{e}^4\\ 0, & \text{其他}\end{cases}.$$

二、提高篇

1. 答案 B 【解析】根据分布函数的性质，得

$$\begin{aligned}&P\{x_1<X<x_2\}\\=&P\{x_1<X\leqslant x_2\}-P\{X=x_2\}\\=&F(x_2)-F(x_1)-P\{X=x_2\},\end{aligned}$$

又 $P\{x_1<X<x_2\}=F(x_2)-F(x_1)$，可得 $P\{X=x_2\}=0$，即 $F(x_2)-F(x_2-0)=0$.

因此，$F(x)$ 在 x_2 处左连续，又 $F(x)$ 右连续，故 $F(x)$ 在 x_2 处连续.

2. 答案 B 【解析】由 $f(-x)=f(x)$ 知 $f(x)$ 为偶函数，故

$$\int_{-\infty}^{0}f(x)\mathrm{d}x=\int_{0}^{+\infty}f(x)\mathrm{d}x=\frac{1}{2},$$

$$\int_{0}^{-a}f(x)\mathrm{d}x\xlongequal{x=-t}-\int_{0}^{a}f(-t)\mathrm{d}t=-\int_{0}^{a}f(t)\mathrm{d}t=-\int_{0}^{a}f(x)\mathrm{d}x,$$

从而 $F(-a)=\int_{-\infty}^{-a}f(x)\mathrm{d}x=\int_{-\infty}^{0}f(x)\mathrm{d}x+\int_{0}^{-a}f(x)\mathrm{d}x=\frac{1}{2}-\int_{0}^{a}f(x)\mathrm{d}x.$

3. 答案 D 【解析】由分布函数的定义可知 $Y=\min\{X,2\}$ 的分布函数为

$$\begin{aligned}F_Y(y)&=P\{Y\leqslant y\}=P\{\min\{X,2\}\leqslant y\}\\&=1-P\{\min\{X,2\}>y\}=1-P\{X>y,2>y\}\\&=\begin{cases}1-0, & y\geqslant 2\\1-P\{X>y\}, & 0<y<2\\1-1, & y\leqslant 0\end{cases}\\&=\begin{cases}1, & y\geqslant 2\\P\{x\leqslant y\}, & 0<y<2\\0, & y\leqslant 0\end{cases}\\&=\begin{cases}1, & y\geqslant 2\\1-\mathrm{e}^{-\lambda y}, & 0<y<2.\\0, & y\leqslant 0\end{cases}\end{aligned}$$

显然，$F_Y(y)$ 在 $y=2$ 处恰好有一个间断点. 因此应选 D.

4. 答案 (1) Y 的分布函数 $F_Y(y)=P\{Y\leqslant y\}$，显然，$1\leqslant Y\leqslant 2$. 故

当 $y\geqslant 2$ 时 $F_Y(y)=1$；

当 $y<1$ 时 $F_Y(y)=0$；

当 $1\leqslant y<2$ 时，

$$\begin{aligned}\{Y\leqslant y\}&=\{Y\leqslant y,X\leqslant 1\}\cup\{Y\leqslant y,1<X<2\}\cup\{Y\leqslant y,X\geqslant 2\}\\&=\{2\leqslant y,X\leqslant 1\}\cup\{X\leqslant y,1<X<2\}\cup\{1\leqslant y,X\geqslant 2\}\\&=\{1<X<y\}\cup\{X\geqslant 2\},\end{aligned}$$

故 $F_Y(y)=P\{Y\leqslant y\}=P\{1<X<y\}+P\{X\geqslant 2\}$

$$= \int_1^y \frac{1}{9}x^2 \mathrm{d}x + \int_2^3 \frac{1}{9}x^2 \mathrm{d}x = \frac{1}{27}y^3 + \frac{18}{27},$$

于是 $F_Y(y) = \begin{cases} 0, & y < 1 \\ \frac{1}{27}y^3 + \frac{18}{27}, & 1 \leqslant y < 2. \\ 1, & y \geqslant 2 \end{cases}$

(2) 由于

$$\begin{aligned} \{X \leqslant Y\} &= \{X \leqslant Y, X \leqslant 1\} \cup \{X \leqslant Y, 1 < X < 2\} \cup \{X \leqslant Y, X \geqslant 2\} \\ &= \{X \leqslant Y = 2, X \leqslant 1\} \cup \{X \leqslant Y = X, 1 < X < 2\} \cup \{X \leqslant Y = 1, X \geqslant 2\} \\ &= \{X \leqslant 1\} \cup \{1 < X < 2\} = \{X < 2\}, \end{aligned}$$

故 $P\{X \leqslant Y\} = P\{X < 2\} = \int_0^2 \frac{1}{9}x^2 \mathrm{d}x = \frac{8}{27}.$

5. 答案 Y 的分布函数 $F_Y(y) = P\{Y \leqslant y\} = P\{\sin X \leqslant y\}$，显然，$0 \leqslant Y = \sin X \leqslant 1, X \in (0, \pi)$，故当 $y \geqslant 1$ 时，$F_Y(y) = 1$；当 $y < 0$ 时，$F_Y(y) = 0$；当 $0 \leqslant y < 1$ 时，

$$\begin{aligned} F_Y(y) &= P\{Y \leqslant y\} = P\{\sin X \leqslant y\} \\ &= P\{0 \leqslant X \leqslant \arcsin y\} + P\{\pi - \arcsin y \leqslant X \leqslant \pi\} \\ &= \int_0^{\arcsin y} \frac{2x}{\pi^2}\mathrm{d}x + \int_{\pi - \arcsin y}^{\pi} \frac{2x}{\pi^2}\mathrm{d}x, \end{aligned}$$

故 $F_Y(y) = \begin{cases} 0, & y < 0 \\ \int_0^{\arcsin y} \frac{2x}{\pi^2}\mathrm{d}x + \int_{\pi - \arcsin y}^{\pi} \frac{2x}{\pi^2}\mathrm{d}x, & 0 \leqslant y < 1, \\ 1, & y \geqslant 1 \end{cases}$

于是 $f_Y(y) = F'_Y(y) = \begin{cases} \frac{2}{\pi\sqrt{1-y^2}}, & 0 \leqslant y < 1 \\ 0, & \text{其他} \end{cases}.$

6. 答案 由题设知，$\{|X| > 1\} = \varnothing, P\{X = 1\} = F(1) - F(1-0)$，

故当 $x < -1$ 时，$F(x) = P\{X \leqslant x\} = 0$；当 $x \geqslant 1$ 时，$F(x) = P\{X \leqslant x\} = 1$；

当 $-1 \leqslant x < 1$ 时，由 $\{X \leqslant x\} = \{x = -1\} \cup \{-1 < X \leqslant x\}$，可知

$$F(x) = P\{X \leqslant x\} = P\{X = -1\} + P\{-1 < X \leqslant x\} = \frac{1}{8} + k(x+1),$$

于是 $F(x) = \begin{cases} 0, & x < -1 \\ \frac{1}{8} + k(x+1), & -1 \leqslant x < 1. \\ 1, & x \geqslant 1 \end{cases}$

又 $\frac{1}{4} = P\{X = 1\} = F(1) - F(1-0) = 1 - \frac{1}{8} - 2k$，故 $k = \frac{5}{16}$，

因此 $F(x) = \begin{cases} 0, & x < -1 \\ \frac{5}{16}x + \frac{7}{16}, & -1 \leqslant x < 1. \\ 1, & x \geqslant 1 \end{cases}$

第三章　二维随机变量

一、基础篇

1. 答案 C　【解析】由 X 和 Y 相互独立，知

$$\begin{aligned}P\{X=Y\}&=P\{X=-1,Y=-1\}+P\{X=1,Y=1\}\\&=P\{X=-1\}P\{Y=-1\}+P\{X=1\}P\{Y=1\}\\&=\frac{1}{2}\times\frac{1}{2}+\frac{1}{2}\times\frac{1}{2}=\frac{1}{2},\end{aligned}$$

故应选 C.

2. 答案 B　【解析】根据分布律的性质，得 $0.4+a+b+0.1=1$，即 $a+b=0.5$. 又

$P\{X=0\}=P\{X=0,Y=0\}+P\{X=0,Y=1\}=0.4+a$,

$P\{X+Y=1\}=P\{X=0,Y=1\}+P\{X=1,Y=0\}=a+b$,

$P\{X=0,X+Y=1\}=P\{X=0,Y=1\}=a$,

而随机事件 $\{X=0\}$ 与 $\{X+Y=1\}$ 相互独立，从而

$$P\{X=0,X+Y=1\}=P\{X=0\}P\{X+Y=1\},$$

即

$$(0.4+a)(a+b)=a,$$

可解得 $a=0.4,b=0.1$. 故应选 B.

3. 答案 B　【解析】根据已知条件，有

$$P\{X<0.5,Y<0.6\}=\int_{-\infty}^{0.5}\mathrm{d}x\int_{-\infty}^{0.6}f(x,y)\mathrm{d}y=\int_{0}^{0.5}\mathrm{d}x\int_{0}^{0.6}\mathrm{d}y=0.5\times0.6=0.3,$$

故应选 B.

4. 答案 D　【解析】二维正态分布和的性质：若 (X,Y) 服从二维正态分布 $N(\mu_1,\mu_2;\sigma_1^2,\sigma_2^2;\rho)$，则 $aX+bY$ 服从正态分布 $N(a\mu_1+b\mu_2,a^2\sigma_1^2+2ab\sigma_1\sigma_2\rho+b^2\sigma_2^2)$.

因为随机变量 $X\sim N(\mu_1,\sigma_1^2)$，$Y\sim N(\mu_2,\sigma_2^2)$ 相互独立，所以 (X,Y) 服从二维正态分布 $N(\mu_1,\mu_2;\sigma_1^2,\sigma_2^2;0)$，因此 $X+Y\sim N(\mu_1+\mu_2,\sigma_1^2+\sigma_2^2)$. 故应选 D.

5. 答案 B　【解析】由于随机变量 X 和 Y 相互独立，所以

$$X+Y\sim N(1,2),X-Y\sim N(-1,2),$$

于是

$$P\{X+Y\leqslant0\}=P\left\{\frac{X+Y-1}{\sqrt{2}}\leqslant\frac{-1}{\sqrt{2}}\right\}=\Phi\left(\frac{-1}{\sqrt{2}}\right)\neq\frac{1}{2},$$

$$P\{X+Y\leqslant 1\}=P\left\{\frac{X+Y-1}{\sqrt{2}}\leqslant 0\right\}=\Phi(0)=\frac{1}{2},$$

$$P\{X-Y\leqslant 0\}=P\left\{\frac{X-Y+1}{\sqrt{2}}\leqslant \frac{1}{\sqrt{2}}\right\}=\Phi\left(\frac{1}{\sqrt{2}}\right)\neq \frac{1}{2},$$

$$P\{X-Y\leqslant 1\}=P\left\{\frac{X-Y+1}{\sqrt{2}}\leqslant \frac{2}{\sqrt{2}}\right\}=\Phi(\sqrt{2})\neq \frac{1}{2},$$

故应选 B.

6. 答案 A 【解析】由于随机变量 X 和 Y 独立同分布，所以

$$\begin{aligned}F_Z(z)&=P\{Z\leqslant z\}=P\{\max\{X,Y\}\leqslant z\}=P\{X\leqslant z,Y\leqslant z\}\\&=P\{X\leqslant z\}P\{Y\leqslant z\}=F^2(z),\end{aligned}$$

因此，应选 A.

7. 答案

Z	0	1
p	$\frac{1}{4}$	$\frac{3}{4}$

【解析】由于 X,Y 仅取 0 和 1 两个数值，故 Z 也仅取 0 和 1 两个数值，又 X,Y 相互独立，故

$$\begin{aligned}P\{Z=0\}&=P\{\max(X,Y)=0\}=P\{X=0,Y=0\}\\&=P\{X=0\}\cdot P\{Y=0\}=\frac{1}{2}\times\frac{1}{2}=\frac{1}{4},\end{aligned}$$

$$P\{Z=1\}=1-P\{Z=0\}=\frac{3}{4},$$

故 Z 的分布律为

Z	0	1
p	$\frac{1}{4}$	$\frac{3}{4}$

.

8. 答案 $F_X(x)=\begin{cases}0, & x<0\\ x, & 0\leqslant x<1\\ 1, & x\geqslant 1\end{cases}$

【解析】因为随机变量 X 和 Y 的联合分布函数为

$$F(x,y)=\begin{cases}0, & \min\{x,y\}<0\\ \min\{x,y\}, & 0\leqslant \min\{x,y\}<1,\\ 1, & \min\{x,y\}\geqslant 1\end{cases}$$

当 $x<0$ 时，$\min\{x,y\}<0$，$F(x,y)=0$，故 $F_X(x)=0$；

对于 $y>1$，当 $0\leqslant x<1$ 时，$0\leqslant \min\{x,y\}=x\leqslant 1$，故 $F_X(x)=F(x,+\infty)=x$；

当 $x\geqslant 1$ 时，$F_X(x)=F(x,+\infty)=1$，

所以随机变量 X 的边缘分布函数 $F_X(x)=\begin{cases}0, & x<0\\ x, & 0\leqslant x<1.\\ 1, & x\geqslant 1\end{cases}$

9. 答案 $\sqrt{2}+1$，$\begin{cases}(\sqrt{2}+1)\left[\cos y-\cos\left(\frac{\pi}{4}+y\right)\right], & 0\leqslant y\leqslant\frac{\pi}{4}\\ 0, & 其他\end{cases}$

【解析】由 $\int_0^{\frac{\pi}{4}}\int_0^{\frac{\pi}{4}}c\sin(x+y)\mathrm{d}x\mathrm{d}y=c\int_0^{\frac{\pi}{4}}\left[\cos y-\cos\left(\frac{\pi}{4}+y\right)\right]\mathrm{d}y=(\sqrt{2}-1)c=1$，

得 $c=\sqrt{2}+1$.

当 $0\leqslant y\leqslant\frac{\pi}{4}$ 时，

$$\varphi_Y(y)=\int_0^{\frac{\pi}{4}}(\sqrt{2}+1)\sin(x+y)\mathrm{d}x=(\sqrt{2}+1)\left[\cos y-\cos\left(\frac{\pi}{4}+y\right)\right],$$

故 $\varphi_Y(y)=\begin{cases}(\sqrt{2}+1)\left[\cos y-\cos\left(\frac{\pi}{4}+y\right)\right], & 0\leqslant y\leqslant\frac{\pi}{4}\\ 0, & 其他\end{cases}$.

10. 答案 $\frac{1}{4}$ 【解析】$P\{x+y\leqslant 1\}=\iint\limits_D 6x\mathrm{d}x\mathrm{d}y=\int_0^{\frac{1}{2}}\mathrm{d}x\int_x^{1-x}6x\mathrm{d}y$

$$=\int_0^{\frac{1}{2}}\mathrm{d}x\int_x^{1-x}6x\mathrm{d}y=\int_0^{\frac{1}{2}}(6x-12x^2)\mathrm{d}x=\frac{1}{4}.$$

11. 答案 $\frac{1}{4}$ 【解析】区域 D 的面积为 $A=\int_1^{e^2}\frac{1}{x}\mathrm{d}x=\ln x\Big|_1^{e^2}=2$. 由题意得，$(X,Y)$ 的概率密度为 $f(x,y)=\begin{cases}\frac{1}{2}, & (x,y)\in D\\ 0, & 其他\end{cases}$，则关于 X 的边缘密度

$$f_X(x)=\int_{-\infty}^{+\infty}f(x,y)\mathrm{d}y=\begin{cases}\int_0^{\frac{1}{x}}\frac{1}{2}\mathrm{d}x, & 1<x<e^2\\ 0, & 其他\end{cases}=\begin{cases}\frac{1}{2x}, & 1<x<e^2\\ 0, & 其他\end{cases},$$

所以 $f_X(2)=\frac{1}{4}$.

12. 答案 $\frac{1}{12}$，$\frac{3}{8}$ 【解析】因为 X,Y 相互独立，所以 $\begin{cases}\left(\frac{1}{8}+a+\frac{1}{24}\right)\left(\frac{1}{8}+b\right)=\frac{1}{8}\\ \left(\frac{1}{8}+a+\frac{1}{24}\right)\left(a+\frac{1}{4}\right)=a\\ \left(b+\frac{1}{4}+\frac{1}{8}\right)\left(\frac{1}{8}+b\right)=b\\ \left(b+\frac{1}{4}+\frac{1}{8}\right)\left(a+\frac{1}{4}\right)=\frac{1}{4}\\ \frac{1}{8}+a+\frac{1}{24}+b+\frac{1}{4}+\frac{1}{8}=1\end{cases}$，解之得

$a=\frac{1}{12}$，$b=\frac{3}{8}$.

13. 答案 $\frac{1}{2}$ 【解析】由已知条件得 $p_{11}=p_{\cdot 1}-p_{21}=\frac{1}{6}-\frac{1}{8}=\frac{1}{24}$，$p_{2\cdot}=\frac{p_{21}}{p_{\cdot 1}}=\frac{\frac{1}{8}}{\frac{1}{6}}=\frac{3}{4}$，

$p_{1\cdot}=1-p_{2\cdot}=1-\frac{3}{4}=\frac{1}{4}$，$p_{13}=p_{1\cdot}-p_{11}-p_{12}=\frac{1}{4}-\frac{1}{24}-\frac{1}{8}=\frac{1}{12}$，

$p_{\cdot 2}=\frac{p_{12}}{p_{1\cdot}}=\frac{\frac{1}{8}}{\frac{1}{4}}=\frac{1}{2}$，$p_{\cdot 3}=\frac{p_{13}}{p_{1\cdot}}=\frac{\frac{1}{12}}{\frac{1}{4}}=\frac{1}{3}$，

$p_{22}=p_{2\cdot}\cdot p_{\cdot 2}=\frac{3}{4}\times\frac{1}{2}=\frac{3}{8}$，$p_{23}=p_{2\cdot}\cdot p_{\cdot 3}=\frac{3}{4}\times\frac{1}{3}=\frac{1}{4}$，

因此，

X	Y			
	1	2	3	$p_{i\cdot}$
1	$\frac{1}{24}$	$\frac{1}{8}$	$\frac{1}{12}$	$\frac{1}{4}$
2	$\frac{1}{8}$	$\frac{3}{8}$	$\frac{1}{4}$	$\frac{3}{4}$
$p_{\cdot j}$	$\frac{1}{6}$	$\frac{1}{2}$	$\frac{1}{3}$	1

，

于是 $P\{X=3\}+P\{Y=1\}=\frac{1}{3}+\frac{1}{6}=\frac{1}{2}$.

14. 答案 $\frac{1}{9}$ 【解析】由于 $\{\max\{X,Y\}\leqslant 1\}=\{X\leqslant 1,Y\leqslant 1\}=\{X\leqslant 1\}\cap\{Y\leqslant 1\}$，又 X 和 Y 相互独立，且都服从区间 $[0,3]$ 上的均匀分布，所以

$$P\{\max\{X,Y\}\leqslant 1\}=P\{X\leqslant 1\}P\{Y\leqslant 1\}=\frac{1}{3}\times\frac{1}{3}=\frac{1}{9}.$$

15. 答案 2 【解析】根据概率密度的性质，有

$$\int_{-\infty}^{+\infty}\int_{-\infty}^{+\infty}f(x,y)\mathrm{d}x\mathrm{d}y=\int_0^1\mathrm{d}x\int_0^x k(x+y)\mathrm{d}y=k\int_0^1\left(x^2+\frac{1}{2}x^2\right)\mathrm{d}x=\frac{k}{2}=1,$$

所以，$k=2$.

16. 答案 因为二维随机变量 (X,Y) 的联合分布函数为

$$F(x,y)=\begin{cases}1-\mathrm{e}^{-\lambda_1 x}-\mathrm{e}^{-\lambda_2 y}+\mathrm{e}^{-\lambda_1 x-\lambda_2 y-\lambda_3\max\{x,y\}}, & x>0,y>0\\ 0, & \text{其他}\end{cases},$$

所以随机变量 X 的边缘分布函数 $F_X(x)=\lim\limits_{y\to+\infty}F(x,y)=\begin{cases}1-\mathrm{e}^{-\lambda_1 x}, & x>0\\ 0, & \text{其他}\end{cases}$，

Y 的边缘分布函数 $F_Y(y)=\lim\limits_{x\to+\infty}F(x,y)=\begin{cases}1-\mathrm{e}^{-\lambda_2 y}, & y>0\\ 0, & \text{其他}\end{cases}$.

又因为 $F(x,y)\neq F_X(x)F_Y(y)$，所以随机变量 X,Y 不独立.

17. 答案 因为二随机变量 X,Y 独立同分布，且

$$P\{X=-1\}=P\{Y=-1\}=P\{X=1\}=P\{Y=1\}=\frac{1}{2},$$

所以 $P\{X=Y\}=P\{X=-1,Y=-1\}+P\{X=1,Y=1\}$

$$=P\{X=-1\}P\{Y=-1\}+P\{X=1\}P\{Y=1\}$$

$$=\frac{1}{4}+\frac{1}{4}=\frac{1}{2}.$$

18. 答案 设随机变量 X_1,X_2 的联合分布为

X_1	X_2			
	-1	0	1	$P_{i\cdot}$
-1	p_{11}	p_{12}	p_{13}	$\frac{1}{4}$
0	p_{21}	p_{22}	p_{23}	$\frac{1}{2}$
1	p_{31}	p_{32}	p_{33}	$\frac{1}{4}$
$P_{\cdot j}$	$\frac{1}{4}$	$\frac{1}{2}$	$\frac{1}{4}$	1

由 $P\{X_1X_2=0\}=P\{X_1=0,X_2=-1\}+P\{X_1=0,X_2=1\}+$

$$P\{X_1=-1,X_2=0\}+P\{X_1=X_2=0\}+P\{X_1=1,X_2=0\}$$

$$=p_{21}+p_{23}+p_{12}+p_{32}+p_{22}=1,$$

可知 $p_{11}=p_{13}=p_{31}=p_{33}=0$，从而有 $p_{21}=\frac{1}{4}-p_{11}-p_{31}=\frac{1}{4}$，

类似有 $p_{23}=\frac{1}{4},p_{12}=\frac{1}{4},p_{32}=\frac{1}{4}$. 进一步可知 $p_{22}=\frac{1}{2}-p_{12}-p_{32}=0$，

即 $p_{11}=p_{22}=p_{33}=0$，因此有 $P\{X_1=X_2\}=0$.

19. 答案 X,Y 可能的取值分别为 0,1,2,3 和 0,1,2. 本题属于古典概型问题，从 7 只球中取出 4 只的取法共有 $C_7^4=35$ 种. 因为

$P\{X=0,Y=0\}=P\{\varnothing\}=0,P\{X=0,Y=1\}=P\{\varnothing\}=0,$

$P\{X=0,Y=2\}=\frac{C_3^0\times C_2^2\times C_2^2}{35}=\frac{1}{35},\ P\{X=1,Y=0\}=P\{\varnothing\}=0,$

$P\{X=1,Y=1\}=\frac{C_3^1\times C_2^1\times C_2^2}{35}=\frac{6}{35},P\{X=1,Y=2\}=\frac{C_3^1\times C_2^2\times C_2^2}{35}=\frac{6}{35},$

$P\{X=2,Y=0\}=\frac{C_3^2\times C_2^2}{35}=\frac{3}{35},P\{X=2,Y=1\}=\frac{C_3^2\times C_2^1\times C_2^1}{35}=\frac{12}{35},$

$P\{X=2,Y=2\}=\frac{C_3^2\times C_2^2}{35}=\frac{3}{35},P\{X=3,Y=0\}=\frac{C_3^3\times C_2^1\times C_2^0}{35}=\frac{2}{35},$

$P\{X=3,Y=1\}=\frac{C_3^3\times C_2^0\times C_2^1}{35}=\frac{2}{35},P\{X=3,Y=2\}=P\{\varnothing\}=0,$

所以(X,Y)的联合分布为

X	Y		
	0	1	2
0	0	0	$\frac{1}{35}$
1	0	$\frac{6}{35}$	$\frac{6}{35}$
2	$\frac{3}{35}$	$\frac{12}{35}$	$\frac{3}{35}$
3	$\frac{2}{35}$	$\frac{2}{35}$	0

.

20. 答案 (1) 由条件概率，得 $P\{X=1|Z=0\}=\frac{P\{X=1,Z=0\}}{P\{Z=0\}}=\frac{C_2^1\times\frac{1}{6}\times\frac{1}{3}}{\left(\frac{1}{2}\right)^2}=\frac{4}{9}.$

(2) 易知，X,Y 的可能取值为 0,1,2. 由古典概型，得

$P\{X=0,Y=0\}=\frac{3\times3}{6\times6}=\frac{1}{4},\quad P\{X=0,Y=1\}=\frac{C_2^1\times2\times3}{6\times6}=\frac{1}{3},$

$P\{X=0,Y=2\}=\frac{2\times2}{6\times6}=\frac{1}{9},\quad P\{X=1,Y=0\}=\frac{C_2^1\times1\times3}{6\times6}=\frac{1}{6},$

$P\{X=1,Y=1\}=\frac{C_2^1\times1\times2}{6\times6}=\frac{1}{9},\quad P\{X=1,Y=2\}=0,$

$P\{X=2,Y=0\}=\frac{1\times1}{6\times6}=\frac{1}{36},\quad P\{X=2,Y=1\}=0,$

$P\{X=2,Y=2\}=0,$

故二维随机变量(X,Y)的概率分布为

Y	X		
	0	1	2
0	$\frac{1}{4}$	$\frac{1}{6}$	$\frac{1}{36}$
1	$\frac{1}{3}$	$\frac{1}{9}$	0
2	$\frac{1}{9}$	0	0

.

21. 答案 由题意得，随机变量 X,Y 的联合分布律为

Y	X	
	−1	1
−1	$\frac{1}{4}$	$\frac{1}{4}$
1	$\frac{1}{4}$	$\frac{1}{4}$

,

因此，$P\{X=Y\}=\frac{1}{4}+\frac{1}{4}=\frac{1}{2}$，$P\{X+Y=0\}=\frac{1}{4}+\frac{1}{4}=\frac{1}{2}$，$P\{XY=0\}=0$.

22. 答案 (1) 由$\int_0^{+\infty}\int_0^{+\infty}ke^{-(3x+4y)}\mathrm{d}x\mathrm{d}y=\frac{k}{12}$，得 $k=12$.

(2) 当 $x\leqslant 0$ 或 $y\leqslant 0$ 时，$F(x,y)=0$；

当 $x>0,y>0$ 时，$F(x,y)=\int_0^y\int_0^x 12e^{-(3x+4y)}\mathrm{d}x\mathrm{d}y=(1-e^{-3x})(1-e^{-4y})$，

综上可得，$F(x,y)=\begin{cases}(1-e^{-3x})(1-e^{-4y}), & x>0,y>0\\ 0, & \text{其他}\end{cases}$.

$$\begin{aligned}(3)P\{0<X\leqslant 1,0<Y\leqslant 2\}&=F(1,2)-F(0,2)-F(1,0)+F(0,0)\\&=(1-e^{-3})(1-e^{-8})-0-0+0\\&=(1-e^{-3})(1-e^{-8}).\end{aligned}$$

23. 答案 $P\{X+Y\geqslant 1\}=1-P\{X+Y<1\}=1-\int_0^1\int_0^{1-x}\left(x^2+\frac{1}{3}xy\right)\mathrm{d}y\mathrm{d}x=1-\frac{7}{72}=\frac{65}{72}$.

24. 答案 (1) 因为 $1=\int_{-\infty}^{+\infty}\int_{-\infty}^{+\infty}f(x,y)\mathrm{d}x\mathrm{d}y=\int_0^2\int_2^4 k(6-x-y)\mathrm{d}y\mathrm{d}x$，所以 $k=\frac{1}{8}$.

(2)$P\{X<1,Y<3\}=\int_0^1\mathrm{d}x\int_2^3\frac{1}{8}(6-x-y)\mathrm{d}y=\frac{3}{8}$.

(3)$P\{X\leqslant 1.5\}=P\{X\leqslant 1.5,Y<\infty\}=\int_0^{1.5}\mathrm{d}x\int_2^4\frac{1}{8}(6-x-y)\mathrm{d}y=\frac{27}{32}$.

(4)$P\{X+Y\leqslant 4\}=\int_0^2\mathrm{d}x\int_2^{4-x}\frac{1}{8}(6-x-y)\mathrm{d}y=\frac{2}{3}$.

25. 答案 如图 3－1 所示，

$$f_X(x)=\int_{-\infty}^{+\infty}f(x,y)\mathrm{d}y=\begin{cases}\int_x^{+\infty}e^{-y}\mathrm{d}y, & x>0\\ 0, & x\leqslant 0\end{cases}=\begin{cases}e^{-x}, & x>0\\ 0, & x\leqslant 0\end{cases}.$$

$$f_Y(y)=\int_{-\infty}^{+\infty}f(x,y)\mathrm{d}x=\begin{cases}\int_0^y e^{-y}\mathrm{d}x, & y>0\\ 0, & y\leqslant 0\end{cases}=\begin{cases}ye^{-y}, & y>0\\ 0, & y\leqslant 0\end{cases}.$$

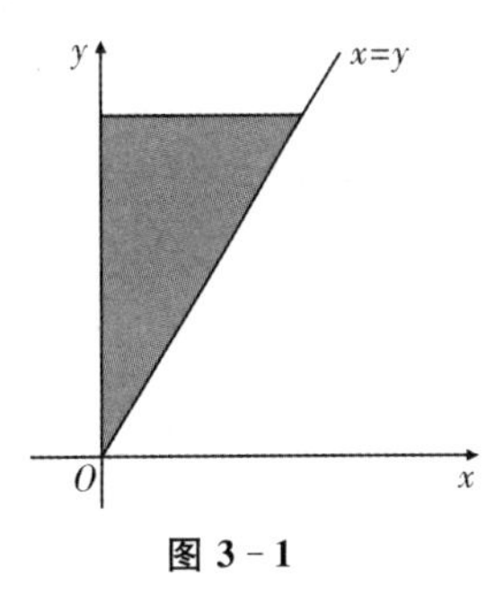

图 3－1

26. 答案 如图 3－2 所示，由 $1=\int_{-\infty}^{+\infty}\int_{-\infty}^{+\infty}f(x,y)\mathrm{d}x\mathrm{d}y=$

$\int_0^1\mathrm{d}y\int_{-\sqrt{y}}^{+\sqrt{y}}cx^2y\mathrm{d}x=c\int_0^1\frac{2}{3}y^{\frac{5}{2}}\mathrm{d}y=\frac{4}{21}c$，解得 $c=\frac{21}{4}$，

$$\text{所以 } f_X(x)=\begin{cases}\int_{x^2}^1\frac{21}{4}x^2y\mathrm{d}y, & -1\leqslant x\leqslant 1\\ 0, & \text{其他}\end{cases}$$

$$=\begin{cases}\frac{21}{8}x^2(1-x^4), & -1\leqslant x\leqslant 1\\ 0, & \text{其他}\end{cases}.$$

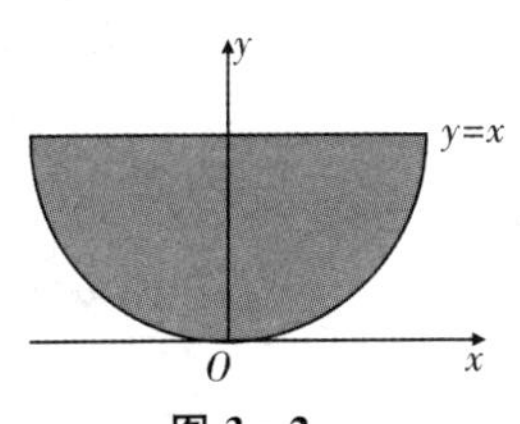

图 3－2

$$f_Y(y)=\begin{cases}\int_{-\sqrt{y}}^{\sqrt{y}}\frac{21}{4}x^2y\mathrm{d}x, & 0\leqslant y\leqslant 1\\ 0, & \text{其他}\end{cases}$$

$$=\begin{cases}\frac{21}{4}\times\frac{1}{3}x^3y\Big|_{-\sqrt{y}}^{\sqrt{y}}, & 0\leqslant y\leqslant 1\\ 0, & \text{其他}\end{cases}$$

$$=\begin{cases}\frac{7}{2}y^{\frac{5}{2}}, & 0\leqslant y\leqslant 1\\ 0, & 0\end{cases}.$$

27. 答案 区域 D 的面积 A 为

$$A=\iint\limits_D\mathrm{d}x\mathrm{d}y=\int_0^1\mathrm{d}x\int_{x^2}^{x}\mathrm{d}y=\int_0^1(x-x^2)\mathrm{d}x=\frac{1}{6},$$

于是，(X,Y) 的联合概率密度为

$$f(x,y)=\begin{cases}6, & 0\leqslant x\leqslant 1,x^2\leqslant y\leqslant x\\ 0, & \text{其他}\end{cases}.$$

关于 X 的边缘概率密度为

$$f_X(x)=\int_{-\infty}^{+\infty}f(x,y)\mathrm{d}y=\begin{cases}\int_{x^2}^{x}6\mathrm{d}y, & 0\leqslant x\leqslant 1\\ 0, & \text{其他}\end{cases}=\begin{cases}6(x-x^2), & 0\leqslant x\leqslant 1\\ 0, & \text{其他}\end{cases},$$

关于 Y 的边缘概率密度为

$$f_Y(y)=\int_{-\infty}^{+\infty}f(x,y)\mathrm{d}x=\begin{cases}\int_{y}^{\sqrt{y}}6\mathrm{d}x, & 0\leqslant y\leqslant 1\\ 0, & \text{其他}\end{cases}=\begin{cases}6(\sqrt{y}-y), & 0\leqslant y\leqslant 1\\ 0, & \text{其他}\end{cases}.$$

28. 答案 由题意知 X 在区间 $(0,1)$ 上随机的取值，其概率密度为

$$f_X(x)=\begin{cases}1, & 0<x<1\\ 0, & \text{其他}\end{cases}.$$

对于任意给定的数值 $x(0<x<1)$，在 $X=x$ 的条件下，数字 Y 在区间 $(x,1)$ 上随机取值，即 Y 的条件概率密度为

$$f_{Y|X}(y\mid x)=\begin{cases}\frac{1}{1-x}, & x<y<1\\ 0, & \text{其他}\end{cases},$$

则 X 和 Y 的联合概率密度为

$$f(x,y)=f_X(x)f_{Y|X}(y\mid x)=\begin{cases}\frac{1}{1-x}, & 0<x<y<1\\ 0, & \text{其他}\end{cases}.$$

关于 Y 的概率密度

$$f_Y(y)=\int_{-\infty}^{+\infty}f(x,y)\mathrm{d}x=\begin{cases}\int_0^y\frac{1}{1-x}\mathrm{d}x, & 0<y<1\\ 0, & \text{其他}\end{cases}=\begin{cases}-\ln(1-y), & 0<y<1\\ 0, & \text{其他}\end{cases}.$$

29. 答案 由于

$$\int_{-\infty}^{+\infty}\int_{-\infty}^{+\infty} f(x,y)\mathrm{d}x\mathrm{d}y=\int_{-\infty}^{+\infty}\int_{-\infty}^{+\infty} A\mathrm{e}^{-2x^2-2xy-y^2}\mathrm{d}x\mathrm{d}y$$

$$=\int_{-\infty}^{+\infty}\int_{-\infty}^{+\infty} A\mathrm{e}^{-x^2-(y+x)^2}\mathrm{d}x\mathrm{d}y=A\int_{-\infty}^{+\infty}\mathrm{e}^{-x^2}\mathrm{d}x\int_{-\infty}^{+\infty}\mathrm{e}^{-(y+x)^2}\mathrm{d}y$$

$$=A\pi\int_{-\infty}^{+\infty}\frac{1}{\sqrt{2\pi}\times\frac{1}{\sqrt{2}}}\cdot\mathrm{e}^{-\frac{x^2}{2\times\left(\frac{1}{\sqrt{2}}\right)^2}}\mathrm{d}x\int_{-\infty}^{+\infty}\frac{1}{\sqrt{2\pi}\times\frac{1}{\sqrt{2}}}\cdot\mathrm{e}^{-\frac{(y+x)^2}{2\times\left(\frac{1}{\sqrt{2}}\right)^2}}\mathrm{d}y$$

$$=A\pi,$$

又由概率密度的性质得 $A\pi=1, A=\frac{1}{\pi}$，所以，二维随机变量 (X,Y) 的概率密度为

$$f(x,y)=\frac{1}{\sqrt{2\pi}\times\frac{1}{\sqrt{2}}}\cdot\mathrm{e}^{-\frac{x^2}{2\times\left(\frac{1}{\sqrt{2}}\right)^2}}\cdot\frac{1}{\sqrt{2\pi}\times\frac{1}{\sqrt{2}}}\cdot\mathrm{e}^{-\frac{(y+x)^2}{2\times\left(\frac{1}{\sqrt{2}}\right)^2}},$$

而 $f_X(x)=\int_{-\infty}^{+\infty} f(x,y)\mathrm{d}y=\frac{1}{\sqrt{2\pi}\times\frac{1}{\sqrt{2}}}\cdot\mathrm{e}^{-\frac{x^2}{2\times\left(\frac{1}{\sqrt{2}}\right)^2}}\cdot\int_{-\infty}^{+\infty}\frac{1}{\sqrt{2\pi}\times\frac{1}{\sqrt{2}}}\cdot\mathrm{e}^{-\frac{(y+x)^2}{2\times\left(\frac{1}{\sqrt{2}}\right)^2}}\mathrm{d}y$

$$=\frac{1}{\sqrt{2\pi}\times\frac{1}{\sqrt{2}}}\cdot\mathrm{e}^{-\frac{x^2}{2\times\left(\frac{1}{\sqrt{2}}\right)^2}}=\frac{1}{\sqrt{\pi}}\mathrm{e}^{-x^2},$$

故所求条件概率密度为

$$f_{Y|X}(y\mid x)=\frac{f(x,y)}{f_X(x)}=f(x,y)=\frac{1}{\sqrt{\pi}}\mathrm{e}^{-x^2-2xy-y^2},-\infty<x<+\infty,-\infty<y<+\infty.$$

30. 答案 由已知得，条件随机变量 (X,Y) 的联合概率密度

$$f(x,y)=\begin{cases}\frac{1}{a^2}, & |x+y|<\frac{\sqrt{a}}{2}.\\ 0, & 其他\end{cases}$$

（1）关于随机变量 X 的边缘概率密度

$$f_X(x)=\int_{-\infty}^{+\infty} f(x,y)\mathrm{d}y=\begin{cases}\int_{-\frac{a}{\sqrt{2}}+|x|}^{\frac{a}{\sqrt{2}}-|x|}\frac{1}{a^2}\mathrm{d}y, & |x|\leqslant\frac{a}{\sqrt{2}}\\ 0, & 其他\end{cases}=\begin{cases}\frac{2}{a^2}\left(\frac{a}{\sqrt{2}}-|x|\right), & |x|\leqslant\frac{a}{\sqrt{2}},\\ 0, & 其他\end{cases}$$

类似地，可求关于随机变量 Y 的边缘概率密度

$$f_Y(y)=\int_{-\infty}^{+\infty} f(x,y)\mathrm{d}x=\begin{cases}\frac{2}{a^2}\left(\frac{a}{\sqrt{2}}-|y|\right), & |y|\leqslant\frac{a}{\sqrt{2}}.\\ 0, & 其他\end{cases}$$

（2）当 $|y|<\frac{a}{\sqrt{2}}$ 时，有

$$f_{X|Y}(x\mid y)=\frac{f(x,y)}{f_Y(y)}=\begin{cases}\frac{1}{\sqrt{2}a-2|y|}, & |x|\leqslant\frac{a}{\sqrt{2}}-y\\ 0, & 其他\end{cases}.$$

31. 答案 (1) 由 $P\{X^2=Y^2\}=1$,得 $P\{X^2\neq Y^2\}=0$,即

$$P\{X=0,Y=-1\}=P\{X=0,Y=1\}=P\{X=1,Y=0\}=0.$$

再结合 X,Y 的分布律,可得 (X,Y) 的联合分布律为

Y	X		
	0	1	$p_{\cdot j}$
-1	0	$\frac{1}{3}$	$\frac{1}{3}$
0	$\frac{1}{3}$	0	$\frac{1}{3}$
1	0	$\frac{1}{3}$	$\frac{1}{3}$
$p_{i\cdot}$	$\frac{1}{3}$	$\frac{1}{2}$	1

.

(2) Z 的可能取值为 $-1,0,1$.

$P\{Z=-1\}=P\{X=1,Y=-1\}=\frac{1}{3}$,

$P\{Z=1\}=P\{X=1,Y=1\}=\frac{1}{3}$,

$P\{Z=0\}=1-P\{Z=-1\}-P\{Z=1\}=\frac{1}{3}$,

所以,Z 的分布律为

Z	-1	0	1
p	$\frac{1}{3}$	$\frac{1}{3}$	$\frac{1}{3}$

.

32. 答案 由 (X,Y) 的概率分布可得

p_{ij}	0.2	0.15	0.1	0.3	0.1	0	0.1	0.05
(X,Y)	$(-1,-1)$	$(-1,0)$	$(-1,1)$	$(-1,2)$	$(2,-1)$	$(2,0)$	$(2,1)$	$(2,2)$
$X+Y$	-2	-1	0	1	1	2	3	4
XY	1	0	-1	-2	-2	0	2	4

与一维离散型随机变量函数的分布的求法相同，把 Z 值相同的项对应的概率值合并可得：

(1) $Z=X+Y$ 的概率分布为

Z	-2	-1	0	1	2	3	4
p_i	0.2	0.15	0.1	0.4	0	0.1	0.05

.

(2) $Z=XY$ 的概率分布为

Z	-2	-1	0	1	2	4
p_i	0.4	0.1	0.15	0.2	0.1	0.05

.

33. 答案 **方法一** 因为随机变量 X,Y 相互独立，所以二维随机变量 (X,Y) 的概率分布密度函数为

$$f_{(X,Y)}(x,y)=f_X(x)\cdot f_Y(y)=\begin{cases}e^{-y}, & 0\leqslant x\leqslant 1,y>0\\ 0, & \text{其他}\end{cases},$$

随机变量 Z 的分布函数为

$$F_Z(z)=P\{Z\leqslant z\}=P\{2X+Y\leqslant z\}=\iint\limits_{2x+y\leqslant z}f(x,y)\mathrm{d}x\mathrm{d}y.$$

① 如图 3-3 所示，当 $z\leqslant 0$ 时，$F_Z(z)=0$.

② 如图 3-4 所示，当 $0<z\leqslant 2$ 时，

$$F_Z(z)=\iint\limits_{G_1}e^{-y}\mathrm{d}x\mathrm{d}y=\int_0^z e^{-y}\mathrm{d}y\int_0^{\frac{z-y}{2}}\mathrm{d}x$$

$$=\frac{1}{2}\left(z\int_0^z e^{-y}\mathrm{d}y-\int_0^z ye^{-y}\mathrm{d}y\right).$$

③ 如图 3-5 所示，当 $z>2$ 时，

$$F_Z(z)=\iint\limits_{G_2}e^{-y}\mathrm{d}x\mathrm{d}y=\int_0^1\mathrm{d}x\int_0^{z-2x}e^{-y}\mathrm{d}y$$

$$=1-\frac{1}{2}(e^2-1)e^{-z}.$$

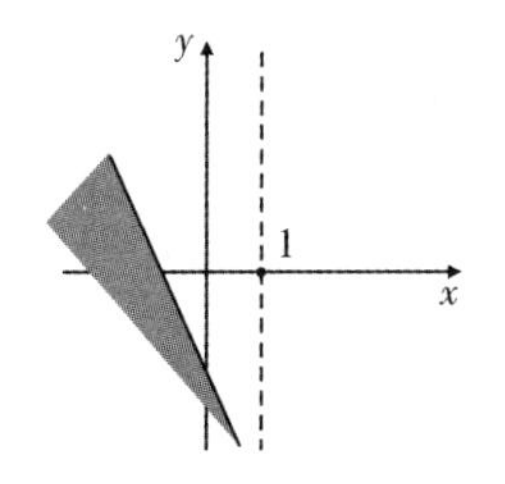

图 3-3

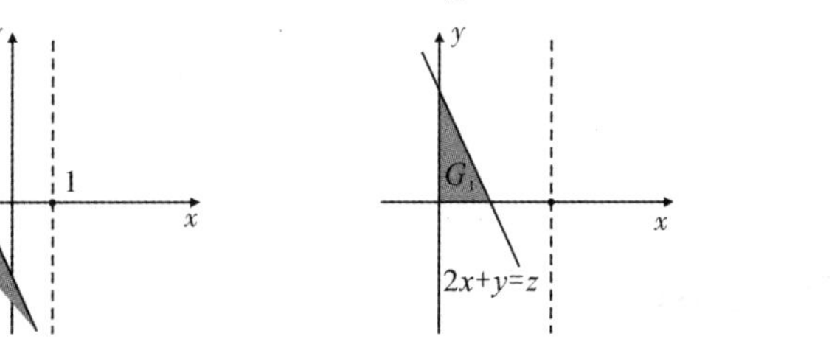

图 3-4

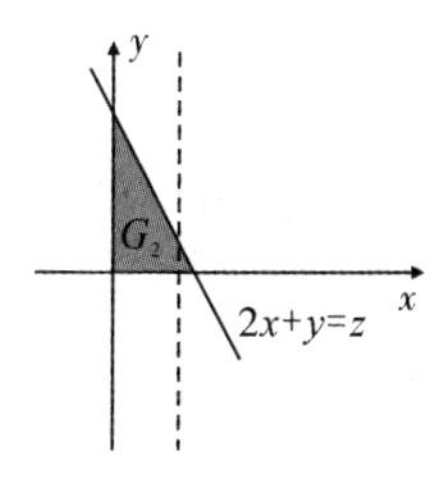

图 3-5

所以 $F_Z(z)=\begin{cases}0, & z\leqslant 0\\ \frac{1}{2}\left(z\int_0^z e^{-y}\mathrm{d}y-\int_0^z ye^{-y}\mathrm{d}y\right), & 0<z\leqslant 2,\\ 1-\frac{1}{2}(e^2-1)e^{-z}, & z>2\end{cases}$

故

$$f_Z(z)=F'_Z(z)=\begin{cases}0, & z\leqslant 0\\ \frac{1}{2}(1-e^{-z}), & 0<z\leqslant 2\\ \frac{1}{2}(e^2-1)e^{-z}, & z>2\end{cases}.$$

34. 答案 (1) (X,Y) 的联合概率密度为 $f(x,y)=\begin{cases}\frac{1}{(b-a)(d-c)}, & a<x<b,c<y<d\\ 0, & \text{其他}\end{cases}$.

$f_X(x)=\int_{-\infty}^{+\infty}f(x,y)\mathrm{d}y=\int_c^d\frac{1}{(b-a)(d-c)}\mathrm{d}y=\frac{1}{b-a}$，即 $f_X(x)=\begin{cases}\frac{1}{b-a}, & a<x<b\\ 0, & \text{其他}\end{cases}$.

$$f_Y(y)=\int_{-\infty}^{+\infty}f(x,y)\mathrm{d}x=\int_a^b\frac{1}{(b-a)(d-c)}\mathrm{d}x=\frac{1}{d-c},\text{即 } f_Y(y)=\begin{cases}\frac{1}{d-c}, & c<y<d\\ 0, & \text{其他}\end{cases}.$$

(2) 因为 $f(x,y)=f_X(x)\cdot f_Y(y)$，所以随机变量 X 与 Y 是相互独立的.

35. 答案 $Z=X+Y$ 的密度函数为 $f_Z(z)=\int_{-\infty}^{+\infty}f_X(x)f_Y(z-x)\mathrm{d}x$，

由于 $f_X(x)$ 在 $x\geqslant 0$ 时有非零值，$f_Y(z-x)$ 在 $z-x\geqslant 0$ 即 $x\leqslant z$ 时有非零值，

故 $f_X(x)f_Y(z-x)$ 在 $0\leqslant x\leqslant z$ 时有非零值，

$$f_Z(z)=\int_0^z\frac{1}{2}\mathrm{e}^{-\frac{1}{2}x}\ \frac{1}{3}\mathrm{e}^{-\frac{1}{3}(z-x)}\mathrm{d}x=\mathrm{e}^{-\frac{1}{3}z}(1-\mathrm{e}^{-\frac{1}{6}z}),$$

故 $f_Z(z)=\begin{cases}\mathrm{e}^{-\frac{1}{3}z}(1-\mathrm{e}^{-\frac{1}{6}z}), & z\geqslant 0\\ 0, & z<0\end{cases}.$

36. 答案 (1) 因为 $\frac{\partial F(x,y)}{\partial x}=\ln 3\times 3^{-x}-\ln 3\times 3^{-x-y}$，$\frac{\partial^2F(x,y)}{\partial x\partial y}=(\ln 3)^2\times 3^{-x-y}$，

所以 (X,Y) 的联合密度函数为

$$f(x,y)=\begin{cases}(\ln 3)^2\times 3^{-x-y}, & x\geqslant 0,y\geqslant 0\\ 0, & \text{其他}\end{cases},$$

X,Y 的边缘密度分别为 $f_X(x)=\begin{cases}\int_0^{+\infty}(\ln 3)^2\times 3^{-x-y}\mathrm{d}y, & x\geqslant 0\\ 0, & x<0\end{cases}=\begin{cases}\ln 3\times 3^{-x}, & x\geqslant 0\\ 0, & x<0\end{cases}$，

$$f_Y(y)=\begin{cases}\int_0^{+\infty}(\ln 3)^2\times 3^{-x-y}\mathrm{d}x, & y\geqslant 0\\ 0, & y<0\end{cases}=\begin{cases}\ln 3\times 3^{-y}, & y\geqslant 0\\ 0, & y<0\end{cases}.$$

(2) 因为 $f(x,y)=f_X(x)\cdot f_Y(y)$，所以随机变量 X 与 Y 是相互独立的.

37. 答案 因为 $P\{X_1X_2=0\}=1$，所以

$$P\{X_1X_2\neq 0\}=1-P\{X_1X_2=0\}=0,$$

即
$$P\{X_1=-1,X_2=1\}=P\{X_1=1,X_2=1\}=0.$$

(1) 设 X_1 和 X_2 的联合分布律

X_1	X_2		
	0	1	$p_{i\cdot}$
-1	p_{11}	0	$\frac{1}{4}$
0	p_{21}	p_{22}	$\frac{1}{2}$
1	p_{31}	0	$\frac{1}{4}$
$p_{\cdot j}$	$\frac{1}{2}$	$\frac{1}{2}$	1

，

则 $p_{11}=\frac{1}{4}, p_{31}=\frac{1}{4}, p_{22}=\frac{1}{2}$. 又 $p_{21}+p_{22}=\frac{1}{2}$,故 $p_{21}=\frac{1}{2}-\frac{1}{2}=0$. 因此 X_1 和 X_2 的联合分布律为

X_1	X_2		
	0	1	$p_{i\cdot}$
-1	$\frac{1}{4}$	0	$\frac{1}{4}$
0	0	$\frac{1}{2}$	$\frac{1}{2}$
1	$\frac{1}{4}$	0	$\frac{1}{4}$
$p_{\cdot j}$	$\frac{1}{2}$	$\frac{1}{2}$	1

,

(2) 因为 $p_{21}=0\neq\frac{1}{2}\times\frac{1}{2}$,所以 X_1 和 X_2 是不独立的.

38. 证明 关于随机变量 X 的边缘概率密度为

$$f_X(x)=\int_{-\infty}^{+\infty}f(x,y)\mathrm{d}y=\int_0^1 f(x,y)\mathrm{d}y=\begin{cases}\int_0^1 6xy^2\mathrm{d}y, & 0\leqslant x\leqslant 1\\ 0, & \text{其他}\end{cases}=\begin{cases}2x, & 0\leqslant x\leqslant 1\\ 0, & \text{其他}\end{cases}.$$

类似可求关于随机变量 Y 的边缘概率密度

$$f_Y(y)=\int_{-\infty}^{+\infty}f(x,y)\mathrm{d}x=\begin{cases}3y^2, & 0\leqslant y\leqslant 1\\ 0, & \text{其他}\end{cases}.$$

易验证 $f(x,y)=f_X(x)f_Y(y)$,即 X,Y 相互独立.

39. 答案 (1) 由于 X 服从区间[0,1]上的均匀分布,所以其概率密度为

$$f_X(x)=\begin{cases}1, & 0\leqslant x\leqslant 1\\ 0, & \text{其他}\end{cases}.$$

又因为 X,Y 相互独立,所以(X,Y)的联合概率密度为

$$f(x,y)=f_X(x)f_Y(y)=\begin{cases}\frac{1}{2}\mathrm{e}^{-\frac{y}{2}}, & 0\leqslant x\leqslant 1, y>0\\ 0, & \text{其他}\end{cases}.$$

(2) 因为"关于 a 的一元二次方程 $a^2+2Xa+Y=0$ 有实根"等价于"$\Delta=4X^2-4Y\geqslant 0$",即"$X^2\geqslant Y$",所以所求概率为

$$P\{X^2\geqslant Y\}=\iint\limits_{x^2\geqslant y}f(x,y)\mathrm{d}x\mathrm{d}y=\int_0^1\mathrm{d}x\int_0^{x^2}\frac{1}{2}\mathrm{e}^{-\frac{y}{2}}\mathrm{d}y$$

$$=1-\int_0^1\mathrm{e}^{-\frac{x^2}{2}}\mathrm{d}x=1-\sqrt{2\pi}\int_0^1\frac{1}{\sqrt{2\pi}}\mathrm{e}^{-\frac{x^2}{2}}\mathrm{d}x$$

$$=1-\sqrt{2\pi}\left[\Phi(1)-\frac{1}{2}\right].$$

40. 答案 (1) 由已知条件

$$f_X(x)=\int_{-\infty}^{+\infty}f(x,y)\mathrm{d}y=\begin{cases}\int_0^{2x}\mathrm{d}y, & 0<x<1\\ 0, & \text{其他}\end{cases}=\begin{cases}2x, & 0<x<1\\ 0, & \text{其他}\end{cases},$$

$$f_Y(y)=\int_{-\infty}^{+\infty}f(x,y)\mathrm{d}x=\begin{cases}\int_{\frac{y}{2}}^{1}\mathrm{d}x, & 0<y<2\\ 0, & \text{其他}\end{cases}=\begin{cases}1-\dfrac{y}{2}, & 0<y<2\\ 0, & \text{其他}\end{cases}.$$

(2) **方法一**(分布函数法)

当 $z\leqslant 0$ 时,$F_Z(z)=P\{Z\leqslant z\}=P\{2X-Y\leqslant z\}=0$;

当 $0<z<2$ 时,

$$\begin{aligned}F_Z(z)&=P\{Z\leqslant z\}=1-P\{Z>z\}=1-P\{2X-Y>z\}\\&=1-\iint\limits_{2x-y>z}f(x,y)\mathrm{d}x\mathrm{d}y\\&=1-\int_{\frac{z}{2}}^{1}\mathrm{d}x\int_0^{2x-z}\mathrm{d}y=z-\frac{z^2}{4};\end{aligned}$$

当 $z>2$ 时,$F_Z(z)=P\{Z\leqslant z\}=P\{2X-Y\leqslant z\}=\iint\limits_{2x-y\leqslant z}f(x,y)\mathrm{d}x\mathrm{d}y=\int_0^1\mathrm{d}x\int_0^{2x}\mathrm{d}y=1$,

从而所求 Z 的概率密度 $f_Z(z)=\begin{cases}1-\dfrac{z}{2}, & 0<z<2\\ 0, & \text{其他}\end{cases}$.

方法二(公式法)

$$f_Z(z)=\int_{-\infty}^{+\infty}f(x,2x-z)\mathrm{d}x=\begin{cases}\int_{\frac{z}{2}}^{1}\mathrm{d}x, & 0<z<2\\ 0, & \text{其他}\end{cases}=\begin{cases}1-\dfrac{z}{2}, & 0<z<2\\ 0, & \text{其他}\end{cases}.$$

二、提高篇

1. 答案 B 【解析】由于 $\cos x$ 在 $\left(\dfrac{\pi}{2},\pi\right)$ 内为负值,故根据概率密度的非负性可知,选项 C、D 中的函数不能作为概率密度. 对于选项 A,$f(x,y)\geqslant 0$,但是

$$\int_{-\infty}^{+\infty}\mathrm{d}x\int_{-\infty}^{+\infty}f(x,y)\mathrm{d}x\mathrm{d}y=\int_{-\frac{\pi}{2}}^{\frac{\pi}{2}}\cos x\mathrm{d}x\int_0^1\mathrm{d}y=2.$$

对于选项 B,$f(x,y)\geqslant 0$,且

$$\int_{-\infty}^{+\infty}\mathrm{d}x\int_{-\infty}^{+\infty}f(x,y)\mathrm{d}x\mathrm{d}y=\int_{-\frac{\pi}{2}}^{\frac{\pi}{2}}\cos x\mathrm{d}x\int_0^{\frac{1}{2}}\mathrm{d}y=1.$$

2. 答案 D 【解析】由于

$$\begin{aligned}P\{X>x_0,Y>y_0\}&=1-P\{\overline{(X>x_0\cap Y>y_0)}\}=1-P\{\overline{(X>x_0)}\cup\overline{(Y>y_0)}\}\\&=1-\{P[\overline{(X>x_0)}]+P[\overline{(Y>y_0)}]-P[\overline{(X>x_0)}\cap\overline{(Y>y_0)}]\}\end{aligned}$$

$$
\begin{aligned}
&= 1-[P(X \leqslant x_0)+P(Y \leqslant y_0)-P(X \leqslant x_0, Y \leqslant y_0)] \\
&= 1-[F_X(x_0)+F_Y(y_0)-F(x_0, y_0)] \\
&= 1-F_X(x_0)-F_Y(y_0)+F(x_0, y_0),
\end{aligned}
$$

故应选 D.

3. **答案** B **【解析】**

$$
\begin{aligned}
F_Z(z) &= P\{Z \leqslant z\} = P\{Y=0\}P\{XY \leqslant z \mid Y=0\}+P\{Y=1\}P\{XY \leqslant z \mid Y=1\} \\
&= \frac{1}{2}P\{0 \cdot X \leqslant z \mid Y=0\}+\frac{1}{2}P\{X \leqslant z \mid Y=1\},
\end{aligned}
$$

而 $P\{0 \cdot X \leqslant z \mid Y=0\} = P\{0 \cdot X \leqslant z\} = \begin{cases} P\{\Omega\}, & z \geqslant 0 \\ P\{\varnothing\}, & z<0 \end{cases} = \begin{cases} 1, & z \geqslant 0 \\ 0, & z<0 \end{cases}$,

$$
P\{X \leqslant z \mid Y=1\} = P\{X \leqslant z\} = \int_{-\infty}^{z} \frac{1}{\sqrt{2\pi}} \mathrm{e}^{-\frac{x^2}{2}} \mathrm{d}x,
$$

所以 $F_Z(z) = \begin{cases} \dfrac{1}{2}\displaystyle\int_{-\infty}^{z} \frac{1}{\sqrt{2\pi}} \mathrm{e}^{-\frac{x^2}{2}} \mathrm{d}x, & z<0 \\ \dfrac{1}{2}+\dfrac{1}{2}\displaystyle\int_{-\infty}^{z} \frac{1}{\sqrt{2\pi}} \mathrm{e}^{-\frac{x^2}{2}} \mathrm{d}x, & z \geqslant 0 \end{cases}$,

显然,当 $z<0$ 和 $z>0$ 时,$F_Z(z)$ 均连续,又

$$
\lim_{z \to 0^-} F_Z(z) = \lim_{z \to 0^-} \frac{1}{2}\int_{-\infty}^{z} \frac{1}{\sqrt{2\pi}} \mathrm{e}^{-\frac{x^2}{2}} \mathrm{d}x = \frac{1}{4},
$$

$$
\lim_{z \to 0^+} F_Z(z) = \lim_{z \to 0^+} \left(\frac{1}{2}+\frac{1}{2}\int_{-\infty}^{z} \frac{1}{\sqrt{2\pi}} \mathrm{e}^{-\frac{x^2}{2}} \mathrm{d}x\right) = \frac{3}{4} = F_Z(0),
$$

可见 $F_Z(z)$ 仅在 $z=0$ 处间断. 因此应选 B.

4. **答案** D **【解析】**因为 X,Y 相互独立,所以 $X+Y$、$X-Y$ 概率密度分别为

$$
f_{X+Y}(z) = \begin{cases} \lambda^2 z \mathrm{e}^{-\lambda z}, & z>0 \\ 0, & z \leqslant 0 \end{cases}, \quad f_{X-Y}(z) = \frac{\lambda}{2} \mathrm{e}^{-\lambda|z|},
$$

由题意得

$$
\begin{aligned}
F_{\max\{X,Y\}}(z) &= P\{\max\{X,Y\} \leqslant z\} \\
&= P\{X \leqslant z, Y \leqslant z\} = P\{X \leqslant z\}P\{Y \leqslant z\} \\
&= F_X(z)F_Y(z) = \begin{cases} (1-\mathrm{e}^{-\lambda z})^2, & z>0 \\ 0, & z \leqslant 0 \end{cases},
\end{aligned}
$$

$$
f_{\max\{X,Y\}} = \begin{cases} 2\lambda(1-\mathrm{e}^{-\lambda z})\mathrm{e}^{-\lambda z}, & z>0 \\ 0, & z \leqslant 0 \end{cases},
$$

$$
\begin{aligned}
F_{\min\{X,Y\}}(z) &= P\{\min\{X,Y\} \leqslant z\} = 1-P\{\min\{X,Y\}>z\} = 1-P\{X>z, Y>z\} \\
&= 1-P\{X>z\}P\{Y>z\} = 1-(1-P\{X \leqslant z\})(1-P\{Y \leqslant z\}) \\
&= 1-[1-F_X(z)][1-F_Y(z)] = \begin{cases} 1-\mathrm{e}^{-2\lambda z}, & z>0 \\ 0, & z \leqslant 0 \end{cases},
\end{aligned}
$$

$$
f_{\min\{X,Y\}} = \begin{cases} 2\lambda \mathrm{e}^{-2\lambda z}, & z>0 \\ 0, & z \leqslant 0 \end{cases}.
$$

综上所述，应选 D.

5. 答案 A 【解析】由随机变量 X,Y 相互独立，可得 (X,Y) 的概率密度

$$f(x,y)=f_X(x)f_Y(y)=\begin{cases}1, & 0<x<1,0<y<1,\\ 0, & \text{其他},\end{cases}$$

即 (X,Y) 服从区域 $D=\{(x,y)\mid 0<x<1,0<y<1\}$ 上的均匀分布. 因此，应选 A.

6. 答案 D 【解析】设 X 与 Y 均服从 $(0,2)$ 上的均匀分布，那么

$$f_X(x)=\begin{cases}\frac{1}{2}, & 0<x<2\\ 0, & \text{其他}\end{cases}, \qquad f_Y(y)=\begin{cases}\frac{1}{2}, & 0<y<2\\ 0, & \text{其他}\end{cases},$$

$$F_X(x)=\begin{cases}0, & x<0\\ \frac{1}{2}x, & 0\leqslant x<2,\\ 1, & x\geqslant 2\end{cases} \quad F_Y(y)=\begin{cases}0, & y<0\\ \frac{1}{2}y, & 0\leqslant y<2,\\ 1, & y\geqslant 2\end{cases}$$

于是 $f_X(x)+f_Y(y)$，$f_X(x)\cdot f_Y(y)$，

$$f_X(x)+f_Y(y)=\begin{cases}1, & 0<x<2\\ 0, & \text{其他}\end{cases}, \qquad f_X(x)\cdot f_Y(y)=\begin{cases}\frac{1}{4}, & 0<x<2\\ 0, & \text{其他}\end{cases},$$

$$F_X(x)+F_Y(y)=\begin{cases}0, & x<0\\ x, & 0\leqslant x<2,\\ 2, & x\geqslant 2\end{cases} \quad F_X(x)\cdot F_Y(y)=\begin{cases}0, & x<0\\ \frac{1}{4}x^2, & 0\leqslant x<2,\\ 1, & x\geqslant 2\end{cases}$$

显然 $f_X(x)+f_Y(y)$，$f_X(x)\cdot f_Y(y)$ 不满足概率密度的性质 $\int_{-\infty}^{+\infty}f(x)\mathrm{d}x=1$，$F_X(x)+F_Y(y)$ 不满足分布函数 $F(+\infty)=1$. 因此应选 D.

7. 答案 B 【解析】取 (X,Y) 的分布律、(U,V) 的分布律如下：

(X,Y) 的分布律

X	Y		
	0	1	$p_{i\cdot}$
0	0.1	0.3	0.4
1	0.3	0.3	0.6
$p_{\cdot j}$	0.4	0.6	1

，

(U,V) 的分布率律

U	V		
	0	1	$p_{i\cdot}$
0	0.16	0.24	0.4
1	0.24	0.36	0.6
$p_{\cdot j}$	0.4	0.6	1

，

显然随机变量 (X,Y) 与 (U,V) 具有相同的边缘分布，但是他们的联合分布律不同. 另外

$X+Y$ 的分布律

$X+Y$	0	1	2
P	0.1	0.6	0.3

，

$U+V$ 的分布律

$U+V$	0	1	2
P	0.16	0.48	0.36

，

$X-Y$ 的分布律

$X-Y$	-1	0	1
P	0.3	0.4	0.3

，

$U-V$ 的分布律

$U-V$	-1	0	1
P	0.24	0.52	0.24

，

于是(X,Y)与(U,V)的联合分布不同，$X+Y$与$U+V$的分布不同、$X-Y$与$U-V$的分布也不同. 因此，应选 B.

8. 答案 $\frac{5}{7}$　**【解析】**因为 $P\{X\geqslant 0,Y\geqslant 0\}=\frac{3}{7}$，$P\{X\geqslant 0\}=P\{Y\geqslant 0\}=\frac{4}{7}$，所以

$$P\{\max\{X,Y\}\geqslant 0\}=P\{X\geqslant 0\text{ 或 }Y\geqslant 0\}$$

$$=P\{X\geqslant 0\}+P\{Y\geqslant 0\}-P\{X\geqslant 0,Y\geqslant 0\}=\frac{5}{7}.$$

9. 答案 X 与 Y 的联合密度函数为 $f(x,y)=\begin{cases}\frac{1}{\pi^2}, & 0\leqslant x,y\leqslant \pi\\ 0, & \text{其他}\end{cases}$，

$$P\{\cos(X+Y)<0\}=P\left\{\frac{\pi}{2}<X+Y<\frac{3\pi}{2}\right\}=1-2P\left\{X+Y\leqslant\frac{\pi}{2}\right\}$$

$$=1-2\int_0^{\frac{\pi}{2}}\int_0^{\frac{\pi}{2}-x}\frac{1}{\pi^2}\mathrm{d}y\mathrm{d}x=1-2\times\frac{1}{8}=\frac{3}{4}.$$

10. 答案 随机变量 X、Y 的取值均为 1,2,3,4，由条件概率公式得

$$P\{X=1,Y=1\}=P\{X=1\}P\{Y=1\mid X=1\}=\frac{1}{4}\times 1=\frac{1}{4},$$

$$P\{X=1,Y=2\}=P\{X=1\}P\{Y=2\mid X=1\}=\frac{1}{4}\times 0=0.$$

类似可求得当 $j\leqslant i$ 时，

$$P\{X=i,Y=j\}=P\{X=i\}P\{Y=j\mid X=i\}=\frac{1}{4}\times\frac{1}{i},$$

当 $j>i$ 时，$P\{X=i,Y=j\}=P\{X=i\}P\{Y=j\mid X=i\}=0$，

于是(X,Y)的联合分布律及边缘分布律为

X	Y				
	1	2	3	4	$p_{i\cdot}$
1	$\frac{1}{4}$	0	0	0	$\frac{1}{4}$
2	$\frac{1}{8}$	$\frac{1}{8}$	0	0	$\frac{1}{4}$
3	$\frac{1}{12}$	$\frac{1}{12}$	$\frac{1}{12}$	0	$\frac{1}{4}$
4	$\frac{1}{16}$	$\frac{1}{16}$	$\frac{1}{16}$	$\frac{1}{16}$	$\frac{1}{4}$
$p_{\cdot j}$	$\frac{25}{48}$	$\frac{13}{48}$	$\frac{7}{48}$	$\frac{3}{48}$	1

11. 答案 (1) 设事件 $A=\{$发车时有 n 个乘客$\}$，$B=\{$中途有 m 个人下车$\}$，则在发车时有 n 个乘客的条件下，中途有 m 个人下车的概率是一个条件概率，即

$$P(B\mid A)=P\{Y=m\mid X=n\}.$$

根据 n 重伯努利概型，有 $P(B\mid A)=C_n^m p^m(1-p)^{n-m}$，其中 $0\leqslant m\leqslant n, n=0,1,2,\cdots$.

(2) 由于 $P\{X=n,Y=m\}=P(AB)=P(B\mid A)\cdot P(A)$，而上车人数服从 $P(\lambda)$，因此 $P(A)=\frac{\lambda^n}{n!}e^{-\lambda}$，于是$(X,Y)$ 的概率分布律为

$$P\{X=n,Y=m\}=P\{Y=m\mid X=n\}P\{X=n\}=C_n^m p^m(1-p)^{n-m}\cdot\frac{\lambda^n}{n!}e^{-\lambda},$$

其中 $0\leqslant m\leqslant n, n=0,1,2,\cdots$.

12. 答案 设 $F(y)$ 为 y 分布函数，则由全概率公式及 X 与 Y 的独立性可知，$U=X+Y$ 的分布函数为

$$\begin{aligned}G(u)&=P\{U\leqslant u\}=P\{X+Y\leqslant u\}\\&=P\{X=1\}P\{X+Y\leqslant u\mid X=1\}+P\{X=2\}P\{X+Y\leqslant u\mid X=2\}\\&=0.3P\{X+Y\leqslant u\mid X=1\}+0.7P\{X+Y\leqslant u\mid X=2\}\\&=0.3P\{Y\leqslant u-1\mid X=1\}+0.7P\{Y\leqslant u-2\mid X=2\}\\&=0.3P\{Y\leqslant u-1\}+0.7P\{Y\leqslant u-2\}=0.3F(u-1)+0.7F(u-2),\end{aligned}$$

由此得 $g(u)=0.3f(u-1)+0.7f(u-2)$.

13. 答案 由题设条件知 X 和 Y 的联合密度为

$$f(x,y)=\begin{cases}\frac{1}{4}, & 1\leqslant x\leqslant 3,1\leqslant y\leqslant 3\\0, & \text{其他}\end{cases}.$$

以 $F(u)=P\{U\leqslant u\}(-\infty<u<\infty)$ 表示随机变量 U 的分布函数，显然，当 $u\leqslant 0$ 时，$F(u)=0$；当 $u\geqslant 2$ 时，$F(u)=1$；当 $0<u<2$ 时，

$$\begin{aligned}F(u)&=\iint\limits_{|x-y|\leqslant u}f(x,y)\mathrm{d}x\mathrm{d}y=\iint\limits_{\{|x-y|\leqslant u\}\cap G}\frac{1}{4}\mathrm{d}x\mathrm{d}y\\&=\frac{1}{4}[4-(2-u)^2]=1-\frac{1}{4}(2-u)^2,\end{aligned}$$

于是，随机变量 U 的分布密度为 $f_U(u)=F'(u)=\begin{cases}-\frac{1}{2}(2-u), & 0<u<2\\0, & \text{其他}\end{cases}$.

14. 答案 设 X 的分布参数为 λ，由于 $E(X)=\frac{1}{\lambda}=5$，可见 $\lambda=\frac{1}{5}$. 显然，$Y=\min\{X,2\}$，当 $y<0$ 时，$F(y)=0$；当 $y\geqslant 2$ 时，$F(y)=1$.

设 $0\leqslant y<2$，有 $F(y)=P\{Y\leqslant y\}=P\{\min\{X,2\}\leqslant y\}=P\{X\leqslant y\}=1-e^{-\frac{y}{5}}$，

于是，Y 的分布函数为 $F(y)=\begin{cases}0, & y<0\\1-e^{-\frac{y}{5}}, & 0\leqslant y<2\\1, & y\geqslant 2\end{cases}$.

15. 答案　由已知条件可知(X,Y)的联合概率密度 $f(x,y)=\begin{cases}\frac{1}{2}, & (x,y)\in G\\ 0, & 其他\end{cases}$.

二维随机变量(U,V)可能的取值数对为$(0,0)$,$(0,1)$,$(1,0)$,$(1,1)$,取这些数对的概率分别为

$$P\{U=0,V=0\}=P\{X\leqslant Y,X\leqslant 2Y\}=P\{X\leqslant Y\}$$

$$=\iint\limits_{x<y}f(x,y)\mathrm{d}x\mathrm{d}y=\int_0^1\mathrm{d}x\int_x^1\frac{1}{2}\mathrm{d}y=\frac{1}{4},$$

$$P\{U=0,V=1\}=P\{X\leqslant Y,X>2Y\}=P(\varnothing)=0,$$

$$P\{U=1,V=0\}=P\{X>Y,X\leqslant 2Y\}=P\{Y<X\leqslant 2Y\}$$

$$=\iint\limits_{y<x<2y}f(x,y)\mathrm{d}x\mathrm{d}y=\int_0^1\mathrm{d}y\int_y^{2y}\frac{1}{2}\mathrm{d}x=\frac{1}{4},$$

$$P\{U=1,V=1\}=P\{X>Y,X>2Y\}=P\{X>2Y\}$$

$$=\iint\limits_{x>2y}f(x,y)\mathrm{d}x\mathrm{d}y=\int_0^2\mathrm{d}x\int_0^{\frac{x}{2}}\frac{1}{2}\mathrm{d}y=\frac{1}{2},$$

从而U和V的联合分布

U	V	
	0	1
0	$\frac{1}{4}$	0
1	$\frac{1}{4}$	$\frac{1}{2}$

.

16. 答案　由已知条件

$$f_X(x)=\int_{-\infty}^{+\infty}f(x,y)\mathrm{d}y=\int_{-\infty}^{+\infty}\frac{1}{2\pi}\mathrm{e}^{-\frac{1}{2}(x^2+y^2)}(1+\sin x\sin y)\mathrm{d}y$$

$$=\frac{1}{\sqrt{2\pi}}\mathrm{e}^{-\frac{1}{2}x^2}\int_{-\infty}^{+\infty}\frac{1}{\sqrt{2\pi}}\mathrm{e}^{-\frac{1}{2}y^2}\mathrm{d}y+\frac{1}{2\pi}\mathrm{e}^{-\frac{1}{2}x^2}\cdot\sin x\int_{-\infty}^{+\infty}\mathrm{e}^{-\frac{1}{2}y^2}\cdot\sin y\mathrm{d}y.$$

因为$\frac{1}{\sqrt{2\pi}}\mathrm{e}^{-\frac{1}{2}y^2}$是标准正态分布的概率密度,$\int_{-\infty}^{+\infty}\mathrm{e}^{-\frac{1}{2}y^2}\cdot\sin y\mathrm{d}y$收敛,且被积函数为奇函数,

所以$\int_{-\infty}^{+\infty}\frac{1}{\sqrt{2\pi}}\mathrm{e}^{-\frac{1}{2}y^2}\mathrm{d}y=1$,$\int_{-\infty}^{+\infty}\mathrm{e}^{-\frac{1}{2}y^2}\cdot\sin y\mathrm{d}y=0$,

进而 $f_X(x)=\frac{1}{\sqrt{2\pi}}\mathrm{e}^{-\frac{1}{2}x^2}$,类似可求 $f_Y(y)=\frac{1}{\sqrt{2\pi}}\mathrm{e}^{-\frac{1}{2}y^2}$.

17. 答案　(1) 由联合概率密度的性质可知,对于任意x,y,有

$F(+\infty,+\infty)=1$,即 $A\left(B+\frac{\pi}{2}\right)\left(C+\frac{\pi}{2}\right)=1$,

$F(x,-\infty)=0$，即 $A\left(B+\arctan\dfrac{x}{2}\right)\left(C-\dfrac{\pi}{2}\right)=0$，

$F(-\infty,y)=0$，即 $A\left(B-\dfrac{\pi}{2}\right)\left(C+\arctan\dfrac{y}{3}\right)=0$，

解之得 $A=\dfrac{1}{\pi^2}$，$B=C=\dfrac{\pi}{2}$.

(2) (X,Y) 的联合概率密度

$$f(x,y)=\frac{\partial^2 F}{\partial x\partial y}=A\frac{\mathrm{d}}{\mathrm{d}x}\left(B+\arctan\frac{x}{2}\right)\times\frac{\mathrm{d}}{\mathrm{d}y}\left(C+\arctan\frac{y}{3}\right)$$

$$=A\frac{\mathrm{d}}{\mathrm{d}x}\left(\arctan\frac{x}{2}\right)\times\frac{\mathrm{d}}{\mathrm{d}y}\left(\arctan\frac{y}{3}\right)=\frac{6}{\pi^2(4+x^2)(9+y^2)}.$$

(3) X,Y 的边缘分布函数为

$$F_X(x)=F(x,+\infty)=\frac{1}{\pi^2}\left(\frac{\pi}{2}+\arctan\frac{x}{2}\right)\left(\frac{\pi}{2}+\frac{\pi}{2}\right)=\frac{1}{\pi}\left(\frac{\pi}{2}+\arctan\frac{x}{2}\right),$$

$$F_Y(y)=F(+\infty,y)=\frac{1}{\pi^2}\left(\frac{\pi}{2}+\frac{\pi}{2}\right)\left(\frac{\pi}{2}+\arctan\frac{y}{3}\right)=\frac{1}{\pi}\left(\frac{\pi}{2}+\arctan\frac{y}{3}\right),$$

从而 X,Y 的边缘概率密度为

$$f_X(x)=F'(x)=\frac{2}{\pi(4+x^2)},\quad f_Y(y)=F'(y)=\frac{3}{\pi(9+y^2)}.$$

(4) 因为 $f_X(x)f_Y(y)=\dfrac{2}{\pi(4+x^2)}\times\dfrac{3}{\pi(9+y^2)}=\dfrac{6}{\pi^2(4+x^2)(9+y^2)}=f(x,y)$，

所以随机变量 X 与 Y 独立.

18. 答案 由 $X=\begin{vmatrix}X_1 & X_2\\ X_3 & X_4\end{vmatrix}$ 可得 X 的所有可能取值为 $-1,0,1$. 又 $X=X_1X_4-X_2X_3$ 且 X_1X_4 与 X_2X_3 独立同分布，则

$P\{X_1X_4=1\}=P\{X_2X_3=1\}=P\{X_1=1,X_4=1\}=0.4^2=0.16$，

$P\{X_1X_4=0\}=P\{X_2X_3=0\}=1-P\{X_1=1,X_4=1\}=1-0.16=0.84$，

于是

$P\{X=-1\}=P\{X_1X_4=0,X_2X_3=1\}=0.84\times0.16=0.1344$，

$P\{X=1\}=P\{X_1X_4=1,X_2X_3=0\}=0.84\times0.16=0.1344$，

$P\{X=0\}=1-P\{X=1\}-P\{X=-1\}=1-0.1344-0.1344=0.7312$，

所以，X 的概率分布为

X	-1	0	1
p	0.1344	0.7312	0.1344

.

19. 答案 **方法一**(分布函数法)

由定义知,Z 的分布函数为 $F_Z(z)=P\{Z\leqslant z\}=P\left\{\dfrac{X}{Y}\leqslant z\right\}=\iint\limits_{\frac{x}{y}\leqslant z} f(x,y)\mathrm{d}x\mathrm{d}y$,

其中 $f(x,y)=\begin{cases}\mathrm{e}^{-(x+y)}, & 0<x,0<y\\ 0, & \text{其他}\end{cases}$.

当 $z<0$ 时,显然 $F_Z(z)=0$;

当 $z\geqslant 0$ 时,$F_Z(z)=\iint\limits_{\substack{\frac{x}{y}\leqslant z\\ x>0,y>0}}\mathrm{e}^{-(x+y)}\mathrm{d}x\mathrm{d}y=\int_0^{+\infty}\mathrm{d}x\int_{\frac{x}{z}}^{+\infty}\mathrm{e}^{-(x+y)}\mathrm{d}y=\dfrac{z}{1+z}$,

所以,Z 的分布函数 $F_Z(z)=\begin{cases}\dfrac{z}{1+z}, & z>0\\ 0, & \text{其他}\end{cases}$,

于是所求概率密度 $f_Z(z)=\begin{cases}\dfrac{1}{(1+z)^2}, & z>0\\ 0, & \text{其他}\end{cases}$.

方法二(公式法)

$$f_Z(z)=\int_{-\infty}^{+\infty}f(yz,y)\cdot|y|\,\mathrm{d}y=\int_{-\infty}^{+\infty}f_X(yz)f_Y(y)\cdot|y|\,\mathrm{d}y$$

$$=\int_0^{+\infty}f(yz,y)y\mathrm{d}y=\begin{cases}\displaystyle\int_0^{+\infty}\mathrm{e}^{-yz}\cdot\mathrm{e}^{-y}y\mathrm{d}y, & z>0\\ 0, & \text{其他}\end{cases}$$

$$=\begin{cases}\dfrac{1}{(1+z)^2}, & z>0\\ 0, & \text{其他}\end{cases}.$$

20. 答案 二维随机变量(X,Y)的联合概率密度为

$$f(x,y)=\begin{cases}\dfrac{1}{2}, & 0\leqslant x\leqslant 2,0\leqslant y\leqslant 1\\ 0, & \text{其他}\end{cases},$$

又矩形面积 $S=XY$.

方法一(分布函数法)

求 S 的概率密度,需先计算其分布函数. 由分布函数的定义:

当 $s\leqslant 0$ 时,事件$\{S\leqslant 0\}$是一个不可能事件,所以 $F(s)=0$;

当 $0<s<2$ 时,

$F(s)=P\{S\leqslant s\}=P\{XY\leqslant s\}=\iint\limits_{xy\leqslant s}f(x,y)\mathrm{d}x\mathrm{d}y$,

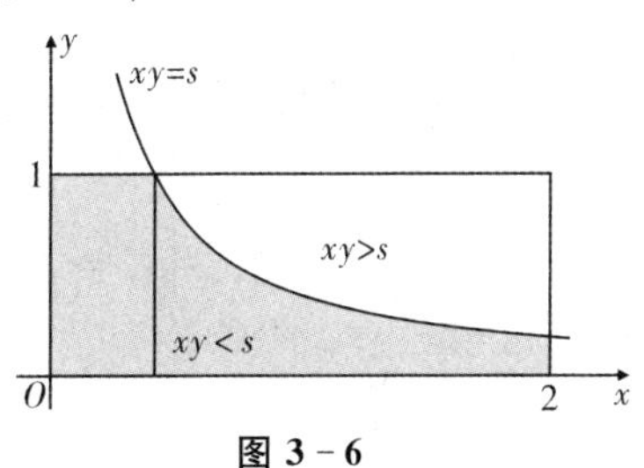

图 3-6

如图 3-6 所示,作出曲线 $xy=s$,它与矩形区域上边界的交点为$(s,1)$,曲线将矩形区域分为两部分,求上述概率等价于计算在阴影区域上的积分,

于是
$$F(s)=\iint_{xy\leqslant s}f(x,y)\mathrm{d}x\mathrm{d}y$$
$$=\int_0^s\int_0^1\frac{1}{2}\mathrm{d}x\mathrm{d}y+\int_s^2\int_0^{\frac{s}{x}}\frac{1}{2}\mathrm{d}x\mathrm{d}y=\frac{s}{2}(1+\ln 2-\ln s).$$

当 $s\geqslant 2$ 时，$F(s)=\iint\limits_{xy\leqslant s}f(x,y)\mathrm{d}x\mathrm{d}y=\iint\limits_{\substack{0\leqslant x\leqslant 2\\0\leqslant y\leqslant 1}}\frac{1}{2}\mathrm{d}x\mathrm{d}y=1$，

综上所述 $F(s)=\begin{cases}0, & s\leqslant 0\\ \frac{s}{2}(1+\ln 2-\ln s), & 0<s<2,\\ 1, & s\geqslant 2\end{cases}$

所以 $f(s)=F'(s)=\begin{cases}\frac{1}{2}(\ln 2-\ln s), & 0<s<2\\ 0, & 其他\end{cases}.$

21. 答案 由分布函数的定义，有
$$F(x,y)=P\{Y_1\leqslant x,Y_2\leqslant y\}=P\{(Y_1\leqslant x)\cap(Y_2\leqslant y)\}$$
$$=P\{[S-(Y_1>x)]\cap(Y_2\leqslant y)\}$$
$$=P\{Y_2\leqslant y\}-P\{Y_1>x,Y_2\leqslant y\}.$$

因为当 $x\geqslant y$ 时，$\{Y_1>x,Y_2\leqslant y\}$ 是不可能事件，即 $P\{Y_1>x,Y_2\leqslant y\}=0$；而当 $x<y$ 时，
$$P\{Y_1>x,Y_2\leqslant y\}=P\{\min\{X_1,X_2\}>x,\max\{X_1,X_2\}\leqslant y\}$$
$$=P\{x<X_1\leqslant y,x<X_2\leqslant y\}$$
$$=P\{x<X_1\leqslant y\}\cdot P\{x<X_2\leqslant y\}$$
$$=[F(y)-F(x)]^2,$$

又因为 $P\{Y_2\leqslant y\}=P\{\max\{X_1,X_2\}\leqslant y\}=P\{X_1\leqslant y,X_2\leqslant y\}=F^2(y)$，

所以 $F(x,y)=\begin{cases}F^2(y)-[F(y)-F(x)]^2, & x<y\\ F^2(y), & x\geqslant y\end{cases},$

故 $f(x,y)=\begin{cases}2f(x)f(y), & x<y\\ 0, & x\geqslant y\end{cases},$

从而所求概率密度为 $f(x,y)=\begin{cases}2, & 0<x<y<1\\ 0, & 其他\end{cases}.$

22. 答案 (1) 因为 X 与 Y 相互独立，所以
$$P\left\{Z\leqslant\frac{1}{2}\middle|X=0\right\}=\frac{P\left\{X=0,X+Y\leqslant\frac{1}{2}\right\}}{P\{X=0\}}=\frac{P\left\{X=0,Y\leqslant\frac{1}{2}\right\}}{P\{X=0\}}$$
$$=\frac{P\{X=0\}P\left\{Y\leqslant\frac{1}{2}\right\}}{P\{X=0\}}=P\left\{Y\leqslant\frac{1}{2}\right\}$$

$$= \int_{-\infty}^{\frac{1}{2}} f_Y(y)\mathrm{d}y = \int_0^{\frac{1}{2}} 1\mathrm{d}y = \frac{1}{2}.$$

(2) 由已知条件,随机事件 $X=-1, X=0, X=1$ 构成样本空间的一个完备事件组.

由全概率公式及 X 与 Y 的独立性,可得

$$\begin{aligned} F_Z(z) &= P\{Z \leqslant z\} \\ &= P\{X=-1\}P\{Z \leqslant z \mid X=-1\} + P\{X=0\}P\{Z \leqslant z \mid X=0\} + \\ &\quad P\{X=1\}P\{Z \leqslant z \mid X=1\} \\ &= P\{X=-1\}P\{Y \leqslant z+1 \mid X=-1\} + P\{X=0\}P\{Y \leqslant z \mid X=0\} + \\ &\quad P\{X=1\}P\{Y \leqslant z-1 \mid X=1\} \\ &= P\{X=-1\}P\{Y \leqslant z+1\} + P\{X=0\}P\{Y \leqslant z\} + P\{X=1\}P\{Y \leqslant z-1\} \\ &= \frac{1}{3}[F_Y(z+1) + F_Y(z) + F_Y(z-1)], \end{aligned}$$

从而所求概率密度

$$\begin{aligned} f_Z(z) &= \frac{1}{3}[F_Y(z+1) + F_Y(z) + F_Y(z-1)]' \\ &= \frac{1}{3}[f_Y(z+1) + f_Y(z) + f_Y(z-1)] \\ &= \begin{cases} \frac{1}{3}, & -1 \leqslant z < 2 \\ 0, & \text{其他} \end{cases}. \end{aligned}$$

第四章 随机变量的数字特征

一、基础篇

1. 答案 D 【解析】由 X 与 Y 独立,可得 $D(X\pm Y)=D(X)+D(Y)$,于是

$$
\begin{aligned}
D(XY)&=E[(XY)^2]-[E(XY)]^2=E(X^2Y^2)-[E(X)\cdot E(Y)]^2\\
&=E(X^2)\cdot E(Y^2)=D(X)\cdot D(Y),
\end{aligned}
$$

故应选 D.

2. 答案 D 【解析】由于 $D(3X-2Y)=9D(X)+4D(Y)=44$,故应选 D.

3. 答案 D 【解析】设两段长度分别为 X 和 Y,显然 $X+Y=1$,即 $Y=-X+1$,故 X 与 Y 是线性关系,且是负相关,所以相关系数为 -1. 故应选 D.

4. 答案 D 【解析】由相关系数 $\rho_{XY}=1$,可设 $Y=aX+b$,X 与 Y 是正相关,即 $a>0$.

又 $E(Y)=aE(X)+b=b=1$, $D(Y)=a^2D(X)=a^2=4$,故 $a=2,b=1$. 故应选 D.

5. 答案 B 【解析】随机变量 $\xi=X+Y$ 与 $\eta=X-Y$ 不相关的充分必要条件为

$$\mathrm{Cov}(\xi,\eta)=\mathrm{Cov}(X+Y,X-Y)=D(X)-D(Y)=0,$$

即 $E(X^2)-[E(X)]^2=E(Y^2)-[E(Y)]^2$.

故应选 B.

6. 答案 D 【解析】由 X,Y 不相关,可得 $\mathrm{Cov}(X,Y)=E(XY)-E(X)E(Y)=0$,

故 $E(XY)=E(X)E(Y)=2$,

$$
\begin{aligned}
E[X(X+Y-2)]&=E(X^2+XY-2X)=E(X^2)+E(XY)-2E(X)\\
&=D(X)+[E(X)]^2+E(XY)-2E(X)\\
&=3+2^2+2-2\times 2=5,
\end{aligned}
$$

故应选 D.

7. 答案 B 【解析】因为 $X\sim B(n,p)$,所以 $E(X)=np,D(X)=np(1-p)$,

将已知条件代入,得 $\begin{cases}np=2.4\\ np(1-p)=1.44\end{cases}$,解之得 $n=6,p=0.4$. 故应选 B.

8. 答案 C 【解析】因为 $X\sim B(n,p)$,所以 $E(X)=np$,由已知 $\frac{1}{7}\times n=3$,即 $n=21$. 故应选 C.

9. 答案 D 【解析】因为 $X\sim B(n,p)$,所以 $E(X)=np,D(X)=np(1-p)$,

于是 $E(2X+1)=2E(X)+1=2np+1,D(2X+1)=4D(X)=4np(1-p)$,

故应选 D.

10. 答案 B 【解析】由 $X\sim P(\lambda)$,可知 $E(X)=\lambda, D(X)=\lambda$,则$\frac{[D(X)]^2}{E(X)}=\frac{\lambda^2}{\lambda}=\lambda$. 故应选 B.

11. 答案 C 【解析】因为 $X\sim E(\lambda)$,所以 $E(X)=\frac{1}{\lambda}, D(X)=\frac{1}{\lambda^2}$,则$\frac{D(X)}{E(X)}=\frac{1}{\lambda}$. 故应选 C.

12. 答案 D 【解析】因为 $X\sim N(2,25)$, 所以 $E(X)=2, D(X)=25$, 则 $E(X^2)=D(X)+E^2(X)=29$, 故应选 D.

13. 答案 A 【解析】因为 $X_1,X_2,\cdots,X_n$ 独立,所以 $\mathrm{Cov}(X_i,X_j)=0(i\neq j)$,则

$$\mathrm{Cov}(X_1,Y)=\mathrm{Cov}\left(X_1,\frac{1}{n}\sum_{i=1}^{n}X_i\right)=\frac{1}{n}\sum_{i=1}^{n}\mathrm{Cov}(X_1,X_i)=\frac{1}{n}\mathrm{Cov}(X_1,X_1)=\frac{1}{n}D(X_1)=\frac{\sigma^2}{n},$$

故应选 A.

14. 答案 A 【解析】由于(X,Y)服从二维正态分布,则X与Y不相关等价于X与Y相互独立,故(X,Y)的联合密度函数为 $f(x,y)=f_X(x)f_Y(y)$. 在 $Y=y$ 这一条件下,X 的条件概率密度

$$f_{X|Y}(x\mid y)=\frac{f(x,y)}{f_Y(y)}=f_X(x),$$

故应选 A.

15. 答案 A 【解析】由已知条件得 $X+Y=n$,即 $Y=-X+n$, 于是 $\rho_{XY}=-1$. 故应选 A.

16. 答案 B 【解析】由于 $D(X+Y)=D(X)+D(Y)+2\mathrm{Cov}(X,Y)$,

$$D(X-Y)=D(X)+D(Y)-2\mathrm{Cov}(X,Y),$$

又由已知条件得 $D(X+Y)=D(X-Y)$,故 $\mathrm{Cov}(X,Y)=0$,从而 X,Y 不相关. 因此应选 B.

17. 答案 C 【解析】由题设得 $\mathrm{Cov}(Y,Y)=0, D(X)=D(Y)$,

故 $\mathrm{Cov}(U,V)=\mathrm{Cov}(X+Y,X-Y)=D(X)-D(Y)=0$,故应选 C.

18. 答案 C 【解析】由已知条件可得 $\mathrm{Cov}(X,Y)=E(XY)-E(X)E(Y)=0$,

于是 $D(X+Y)=D(X)+D(Y)+2\mathrm{Cov}(X,Y)=D(X)+D(Y)$,故应选 C.

19. 答案 $\frac{4}{3}$ 【解析】因为 $X\sim E(1)$,所以它的概率密度函数为 $f(x)=\begin{cases}\mathrm{e}^{-x}, & x>0\\ 0, & x\leqslant 0\end{cases}$,

于是 $E(X+\mathrm{e}^{-2X})=\int_0^{+\infty}(x+\mathrm{e}^{-2x})\mathrm{e}^{-x}\mathrm{d}x=\frac{4}{3}$.

20. 答案 $\frac{2}{5n}$ 【解析】因为 $E(X^2)=\int_\theta^{2\theta}x^2\frac{2x}{3\theta^2}\mathrm{d}x=\frac{5}{2}\theta^2$,$X_1,X_2,\cdots,X_n$ 是来自总体 X 的简单样本,

所以 $\theta^2=E\left(c\sum_{i=1}^{n}X_i^2\right)=c\sum_{i=1}^{n}E(X_i^2)=\frac{5n}{2}\theta^2c$,解得 $c=\frac{2}{5n}$.

21. 答案 $\mu(\sigma^2+\mu^2)$ 【解析】因为(X,Y)服从正态分布,且 X 和 Y 的相关系数为 0,所以 X 和 Y 相互独立.

由题设可知 $E(X)=\mu$, $E(Y^2)=D(X)+[E(Y)]^2=\sigma^2+\mu^2$,故 $E(XY^2)=E(X)\cdot E(Y)^2=\mu(\sigma^2+\mu^2)$.

22. 答案 0.9 【解析】$\rho_{YZ}=\frac{\mathrm{Cov}(Y,Z)}{\sqrt{D(Y)}\sqrt{D(Z)}}=\frac{\mathrm{Cov}(Y,X-0.4)}{\sqrt{D(Y)}\sqrt{D(X-0.4)}}$

$$= \frac{\mathrm{Cov}(Y,X)}{\sqrt{D(Y)}\ \sqrt{D(X)}} = \rho_{XY} = 0.9.$$

23. 答案 $N(0,5)$ 【解析】由于 $E(Z)=E(X-2Y+7)=E(X)-2E(Y)+7=0$，$D(Z)=D(X-2Y+7)=D(X)+4D(Y)=5$，故 $Z\sim N(0,5)$.

24. 答案 $\frac{1}{2\mathrm{e}}$ 【解析】随机变量 X 服从参数为 1 的泊松分布，则

$$P\{X=k\}=\frac{1}{k!}\mathrm{e}^{-1}(k=0,1,2,\cdots),E(X^2)=D(X)+E^2(X)=1+1^2=2,$$

故 $P\{X=E(X^2)\}=P\{X=2\}=\frac{1}{2!}\mathrm{e}^{-1}=\frac{1}{2\mathrm{e}}$.

25. 答案 $2\mathrm{e}^2$ 【解析】由随机变量函数的数学期望公式，得

$$E(X\mathrm{e}^{2X})=\int_{-\infty}^{+\infty}x\mathrm{e}^{2x}\varphi(x)\mathrm{d}x=\int_{-\infty}^{+\infty}x\mathrm{e}^{2x}\frac{1}{\sqrt{2\pi}}\mathrm{e}^{-\frac{x^2}{2}}\mathrm{d}x=\mathrm{e}^2\int_{-\infty}^{+\infty}x\cdot\frac{1}{\sqrt{2\pi}}\mathrm{e}^{-\frac{(x-2)^2}{2}}\mathrm{d}x=2\mathrm{e}^2.$$

26. 答案 1 【解析】由已知条件可知

$$f(x,y)=f_X(x)f_{Y|X}(y\mid x)=\begin{cases}x\mathrm{e}^{-xy}, & 1<x<2,y>0\\ 0, & 其他\end{cases},$$

故 $E(XY)=\int_{-\infty}^{+\infty}\int_{-\infty}^{+\infty}xyf(x,y)\mathrm{d}x\mathrm{d}y=\int_1^2\mathrm{d}x\int_0^{+\infty}xyx\mathrm{e}^{-xy}\mathrm{d}y=\int_1^2\mathrm{d}x\int_0^{+\infty}xy\mathrm{e}^{-xy}\mathrm{d}xy$

$$=\int_1^2(t+1)\mathrm{e}^{-t}\Big|_{+\infty}^{0}\mathrm{d}x=1.$$

27. 答案 $\frac{1}{n}\sigma^2$ 【解析】$\mathrm{Cov}\left(X_1,\frac{1}{n}\sum_{i=1}^{n}X_i\right)=\frac{1}{n}\mathrm{Cov}\left(X_1,\sum_{i=1}^{n}X_i\right)$

$$=\frac{1}{n}\left[\mathrm{Cov}(X_1,X_1)+\mathrm{Cov}\left(X_1,\sum_{i=2}^{n}X_i\right)\right]$$

$$=\frac{1}{n}\sigma^2.$$

28. 答案 1 【解析】由已知条件可得 $D(X)=D(Y)=\frac{1}{2}\times\frac{1}{2}=\frac{1}{4}$，

又 $1=D(X+Y)=D(X)+D(Y)+2\mathrm{Cov}(X,Y)=\frac{1}{2}+2\mathrm{Cov}(X,Y)$，故 $\mathrm{Cov}(X,Y)=\frac{1}{4}$，

因此 $\rho_{XY}=\frac{\mathrm{Cov}(X,Y)}{\sqrt{D(X)}\ \sqrt{D(Y)}}=\frac{\frac{1}{4}}{\sqrt{\frac{1}{4}}\times\sqrt{\frac{1}{4}}}=1.$

29. 答案 $\frac{1}{2}$ 【解析】由已知条件可得 $\mathrm{Cov}(X_i,X_j)=\begin{cases}\sigma^2, & i=j\\ 0, & i\neq j\end{cases}$，

$D(X_1+X_2)=2\sigma^2=D(X_2+X_3)$，

$\mathrm{Cov}(X_1+X_2,X_2+X_3)=\mathrm{Cov}(X_1,X_2)+\mathrm{Cov}(X_1,X_3)+\mathrm{Cov}(X_2,X_2)+\mathrm{Cov}(X_2,X_3)=\sigma^2$，

于是 $\rho_{XY}=\frac{\mathrm{Cov}(X_1+X_2,X_2+X_3)}{\sqrt{D(X_1+X_2)}\ \sqrt{D(X_2+X_3)}}=\frac{\sigma^2}{\sqrt{2\sigma^2}\times\sqrt{2\sigma^2}}=\frac{1}{2}.$

30. 答案 $\sin\frac{\pi(X+Y)}{2}$ 的分布律为

$\sin\frac{\pi(X+Y)}{2}$	0	1	-1
p	0.45	0.40	0.15

，

故 $E\left[\sin\frac{\pi(X+Y)}{2}\right]=0\times 0.45+1\times 0.40+(-1)\times 0.15=0.25.$

31. 答案 因为 $P\left\{X>\frac{\pi}{3}\right\}=\int_{\frac{\pi}{3}}^{\pi}\frac{1}{2}\cos\frac{x}{2}\mathrm{d}x=\frac{1}{2}$，所以 $Y\sim B\left(4,\frac{1}{2}\right)$，

因此 $E(Y)=4\times\frac{1}{2}=2$，$D(Y)=4\times\frac{1}{2}\times\left(1-\frac{1}{2}\right)=1$，所以 $E(Y^2)=D(Y)+[E(Y)]^2=5.$

32. 答案 (1) X 的可能取值为 0,1,2,3，X 的概率分布为 $P\{X=k\}=\frac{C_3^k C_3^{3-k}}{C_6^3}$，$k=0,1,2,3$. 即

X	0	1	2	3
p	$\frac{1}{20}$	$\frac{9}{20}$	$\frac{9}{20}$	$\frac{1}{20}$

，

故
$$E(X)=0\times\frac{1}{20}+1\times\frac{9}{20}+2\times\frac{9}{20}+3\times\frac{1}{20}=\frac{3}{2}.$$

(2) 设 A 表示事件“从乙箱中任取一件产品是次品”，根据全概率公式，有

$$P(A)=\sum_{k=0}^{3}P\{X=k\}P\{A\mid X=k\}$$
$$=\frac{1}{20}\times 0+\frac{9}{20}\times\frac{1}{6}+\frac{9}{20}\times\frac{2}{6}+\frac{1}{20}\times\frac{3}{6}=\frac{1}{4}.$$

33. 答案 $E(X)=(-2)\times 0.4+0\times 0.3+2\times 0.3=-0.2$，

$E(X^2)=(-2)^2\times 0.4+0^2\times 0.3+2^2\times 0.3=2.8$，

$E(3X^2+5)=3E(X^2)+E(5)=8.4+5=13.4.$

34. 答案 (1) $E(Y)=\int_{-\infty}^{+\infty}2xf(x)\mathrm{d}x=\int_{0}^{+\infty}2x\mathrm{e}^{-x}\mathrm{d}x=(-2x\mathrm{e}^{-x}-2\mathrm{e}^{-x})\Big|_{0}^{+\infty}=2.$

(2) $E(Y)=\int_{-\infty}^{+\infty}\mathrm{e}^{-2x}f(x)\mathrm{d}x=\int_{0}^{+\infty}\mathrm{e}^{-2x}\mathrm{e}^{-x}\mathrm{d}x=-\frac{1}{3}\mathrm{e}^{-3x}\Big|_{0}^{+\infty}=\frac{1}{3}.$

35. 答案 显然，$X_1\sim E(2)$，$X_2\sim E(4)$，故

$E(X_1)=\frac{1}{2}$，$D(X_1)=\left(\frac{1}{2}\right)^2=\frac{1}{4}$；$E(X_2)=\frac{1}{4}$，$D(X_2)=\left(\frac{1}{4}\right)^2=\frac{1}{16}$，

因此 $E(X_1^2)=D(X_1)+[E(X_1)]^2=\frac{1}{4}+\left(\frac{1}{2}\right)^2=\frac{1}{2}$，

$E(X_2^2)=D(X_2)+[E(X_2)]^2=\frac{1}{16}+\left(\frac{1}{4}\right)^2=\frac{1}{8}.$

(1) $E(X_1+X_2)=E(X_1)+E(X_2)=\frac{1}{2}+\frac{1}{4}=\frac{3}{4}$，

$$E(2X_1-3X_2^2)=2E(X_1)-3E(X_2^2)=2\times\frac{1}{2}-3\times\frac{1}{8}=\frac{5}{8}.$$

(2) $E(X_1X_2)=E(X_1)\cdot E(X_2)=\frac{1}{2}\times\frac{1}{4}=\frac{1}{8}.$

36. 答案 三角形区域 G 如图 4－1 所示，G 的面积为 $\frac{1}{2}$，故 (X,Y) 的联合概率密度为

$$f(x,y)=\begin{cases}2, & (x,y)\in G\\ 0, & (x,y)\in G\end{cases}.$$

方法一 分两步进行，第一步先求出函数 Z 的概率密度，第二步计算 Z 的期望与方差.

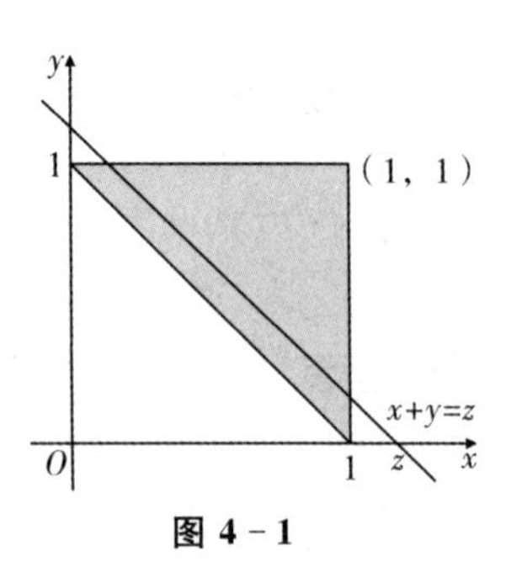

图 4－1

设 Z 的分布函数 $F_Z(z)$，则

当 $z<1$ 时，$F_Z(z)=0$.

当 $1\leqslant z\leqslant 2$ 时，有

$$F_Z(z)=P\{Z\leqslant z\}=P\{X+Y\leqslant z\}=\iint_{x+y\leqslant z}f(x,y)\mathrm{d}x\mathrm{d}y=\iint_D 2\mathrm{d}x\mathrm{d}y,$$

其中 $D=\{(x,y)\mid 0\leqslant x\leqslant 1,0\leqslant y\leqslant 1,1\leqslant x+y\leqslant z\}$，$D\subset G$，

故 $F_Z(z)=2\cdot S_D=2\left[\frac{1}{2}-\frac{1}{2}(2-z)^2\right]=1-(2-z)^2$.

当 $z>2$ 时，$F_Z(z)=1$，

于是 $F_Z(z)=\begin{cases}0, & z<1\\ 1-(2-z)^2, & 1\leqslant z\leqslant 2\\ 1, & z>2\end{cases}$，从而 $f_Z(z)=\begin{cases}2(2-z), & 1\leqslant z\leqslant 2\\ 0, & \text{其他}\end{cases}$，

$$E(X+Y)=E(Z)=\int_{-\infty}^{+\infty}zf_Z(z)\mathrm{d}z=\int_1^2 z\cdot 2(2-z)\mathrm{d}z=\frac{4}{3},$$

$$E[(X+Y)^2]=E(Z^2)=\int_{-\infty}^{+\infty}z^2f_Z(z)\mathrm{d}z=\int_1^2 z^2\cdot 2(2-z)\mathrm{d}z=\frac{11}{6},$$

$$D(X+Y)=D(Z)=E(Z^2)-[E(Z)]^2=\frac{1}{18}.$$

方法二 因为 $E(X+Y)=\int_{-\infty}^{+\infty}\int_{-\infty}^{+\infty}(x+y)f(x,y)\mathrm{d}x\mathrm{d}y$

$$=\int_0^1\mathrm{d}x\int_{1-x}^1 2(x+y)\mathrm{d}y=\int_0^1(x^2+2x)\mathrm{d}x$$

$$=\left(\frac{x^3}{3}+x^2\right)\Big|_0^1=\frac{4}{3},$$

$$E[(X+Y)^2]=\int_{-\infty}^{+\infty}\int_{-\infty}^{+\infty}(x+y)^2f(x,y)\mathrm{d}x\mathrm{d}y=\int_0^1\mathrm{d}x\int_{1-x}^1 2(x+y)^2\mathrm{d}y$$

$$=\frac{2}{3}\int_0^1(x^3+3x^2+3x)\mathrm{d}x=\frac{11}{6},$$

所以 $D(X+Y)=E[(X+Y)^2]-[E(X+Y)]^2=\frac{1}{18}.$

37. 证明 因为随机变量 X 与 Y 独立，所以 $E(XY)=E(X)E(Y), E(X^2Y^2)=E(X^2)E(Y^2)$，于是 $D(XY)=E(X^2Y^2)-[E(XY)]^2=E(X^2)E(Y^2)-[E(X)]^2[E(Y)]^2$.

又 $D(X)=E(X^2)-[E(X)]^2, D(Y)=E(Y^2)-[E(Y)]^2$，

故 $E(X^2)=D(X)+[E(X)]^2, E(Y^2)=D(Y)+[E(Y)]^2$，

从而

$$\begin{aligned}D(XY)&=\{D(X)+[E(X)]^2\}E(Y^2)-[E(X)]^2[E(Y)]^2\\&=D(X)E(Y^2)+[E(X)]^2\{E(Y^2)-[E(Y)]^2\}\\&=D(X)\{D(Y)+[E(Y)]^2\}+[E(X)]^2D(Y)\\&=D(X)D(Y)+[E(X)]^2D(Y)+[E(Y)]^2D(X).\end{aligned}$$

38. 答案 (1) $P\{X=2Y\}=P\{X=0,Y=0\}+P\{X=2,Y=1\}=\frac{1}{4}$.

(2) 由 (X,Y) 的概率分布，得 X,Y,XY 的概率分布分别为

X	0	1	2
p	$\frac{1}{2}$	$\frac{1}{3}$	$\frac{1}{6}$

，

Y	0	1	2
p	$\frac{1}{3}$	$\frac{1}{3}$	$\frac{1}{3}$

，

XY	0	1	4
p	$\frac{7}{12}$	$\frac{1}{3}$	$\frac{1}{12}$

，

易知，$E(X)=\frac{2}{3}$，$E(Y)=1$，$E(XY)=\frac{2}{3}$，$E(Y^2)=\frac{5}{3}$，所以

$$\begin{aligned}\mathrm{Cov}(X-Y,Y)&=\mathrm{Cov}(X,Y)-D(Y)\\&=E(XY)-E(X)E(Y)-E(Y^2)+(EY)^2\\&=-\frac{2}{3}.\end{aligned}$$

39. 答案 (1) 由 $\int_0^{\frac{\pi}{2}}\int_0^{\frac{\pi}{2}}A\sin(x+y)\mathrm{d}x\mathrm{d}y=2A=1$，得 $A=\frac{1}{2}$.

(2) $E(X)=\int_0^{\frac{\pi}{2}}\int_0^{\frac{\pi}{2}}\frac{1}{2}x\sin(x+y)\mathrm{d}y\mathrm{d}x=\frac{1}{2}\int_0^{\frac{\pi}{2}}x(\sin x+\cos x)\mathrm{d}x=\frac{\pi}{4}=E(Y)$，

$E(XY)=\int_0^{\frac{\pi}{2}}\int_0^{\frac{\pi}{2}}\frac{1}{2}xy\sin(x+y)\mathrm{d}x\mathrm{d}y=\frac{\pi}{2}-1$，

所以 $\mathrm{Cov}(X,Y)=E(XY)-E(X)E(Y)=\frac{\pi}{2}-1-\left(\frac{\pi}{4}\right)^2=\frac{\pi}{2}-1-\frac{\pi^2}{16}$.

40. 答案 $E(W)=E(X+Y+Z)=E(X)+E(Y)+E(Z)=1+1-1=1$，

$$\begin{aligned}D(W)&=D(X+Y+Z)=\mathrm{Cov}(X+Y+Z,X+Y+Z)\\&=\mathrm{Cov}(X,X)+\mathrm{Cov}(Y,Y)+\mathrm{Cov}(Z,Z)+2[\mathrm{Cov}(X,Y)+\mathrm{Cov}(Y,Z)+\mathrm{Cov}(Z,X)]\end{aligned}$$

$$= D(X) + D(Y) + D(Z) + 2\left[\rho_{XY}\sqrt{D(X)}\sqrt{D(Y)} + \rho_{YZ}\sqrt{D(Y)}\sqrt{D(Z)} + \rho_{ZX}\sqrt{D(Z)}\sqrt{D(X)}\right]$$

$$= 1 + 1 + 1 + 2 \times \left(0 - \frac{1}{2} + \frac{1}{2}\right) = 3.$$

41. 答案 先计算随机变量 X 的概率分布. 根据已知条件

$$P\{X = 1\} = \frac{C_3^1 \times 3^2 + C_3^2 \times C_3^1 + C_3^3}{4^3} = \frac{37}{64}, P\{X = 2\} = \frac{C_3^1 \times 2^2 + C_3^2 \times C_2^1 + C_3^3}{4^3} = \frac{19}{64},$$

$$P\{X = 3\} = \frac{C_3^1 + C_3^2 + C_3^3}{4^3} = \frac{7}{64}, P\{X = 4\} = \frac{1}{4^3} = \frac{1}{64},$$

于是 X 的概率分布为

X	1	2	3	4
p	$\frac{37}{64}$	$\frac{19}{64}$	$\frac{7}{64}$	$\frac{1}{64}$

，

所以 $E(X) = \sum_{i=1}^{4} iP\{X = i\} = 1 \times \frac{37}{64} + 2 \times \frac{19}{64} + 3 \times \frac{7}{64} + 4 \times \frac{1}{64} = \frac{25}{16}.$

42. 答案 由题意知，X 可能的取值为 2,3,4,5，$A_i = \{$第 i 次取到次品$\}$，$i = 1,2,3,4,5$，那么

$$P\{X = 2\} = P(A_1A_2) = P(A_1)P(A_2 \mid A_1) = \frac{2}{5} \times \frac{1}{4} = \frac{1}{10},$$

$$\begin{aligned} P\{X = 3\} &= P(A_1\overline{A}_2A_3 + \overline{A}_1A_2A_3) = P(A_1\overline{A}_2A_3) + P(\overline{A}_1A_2A_3) \\ &= P(A_1)P(\overline{A}_2 \mid A_1)P(A_3 \mid A_1\overline{A}_2) + P(\overline{A}_1)P(A_2 \mid \overline{A}_1)P(A_3 \mid \overline{A}_1A_2) \\ &= \frac{2}{5} \times \frac{3}{4} \times \frac{1}{3} + \frac{3}{5} \times \frac{2}{4} \times \frac{1}{3} = \frac{1}{5}, \end{aligned}$$

类似可求得 $P\{X = 4\} = \frac{3}{10}, P\{X = 5\} = \frac{2}{5}$. 故 X 的分布律

X	2	3	4	5
p	$\frac{1}{10}$	$\frac{1}{5}$	$\frac{3}{10}$	$\frac{2}{5}$

，

于是所需检验次数 X 的数学期望

$$E(X) = \sum_{i=2}^{5} iP\{X = i\} = 2 \times \frac{1}{10} + 3 \times \frac{1}{5} + 4 \times \frac{3}{10} + 5 \times \frac{2}{5} = 4.$$

43. 答案 由已知条件可得

$$E(X) = \int_{-\infty}^{+\infty}\int_{-\infty}^{+\infty} xf(x,y)\mathrm{d}x\mathrm{d}y = \int_0^{+\infty}\mathrm{d}y\int_0^{+\infty}\frac{x}{y}\mathrm{e}^{-\left(y+\frac{x}{y}\right)}\mathrm{d}x = \int_0^{+\infty} y\mathrm{e}^{-y}\mathrm{d}y = 1,$$

$$E(Y) = \int_{-\infty}^{+\infty}\int_{-\infty}^{+\infty} yf(x,y)\mathrm{d}x\mathrm{d}y = \int_0^{+\infty}\mathrm{d}y\int_0^{+\infty}\mathrm{e}^{-\left(y+\frac{x}{y}\right)}\mathrm{d}x = \int_0^{+\infty} y\mathrm{e}^{-y}\mathrm{d}y = 1,$$

$$E(XY) = \int_{-\infty}^{+\infty}\int_{-\infty}^{+\infty} xyf(x,y)\mathrm{d}x\mathrm{d}y = \int_0^{+\infty}\mathrm{d}y\int_0^{+\infty} x\mathrm{e}^{-\left(y+\frac{x}{y}\right)}\mathrm{d}x = \int_0^{+\infty} y^2\mathrm{e}^{-y}\mathrm{d}y = 2.$$

44. 答案 (1) 由已知 X 概率密度和分布函数分别为 $f_X(x) = \begin{cases} \mathrm{e}^{-x}, & x > 0 \\ 0, & \text{其他} \end{cases}$，$F_X(x) =$

$\begin{cases}1-e^{-x}, & x>0 \\ 0, & 其他\end{cases}.$

又 X 和 Y 独立同分布，那么

$$F_V(v)=P\{V\leqslant v\}=P\{\min\{X,Y\}\leqslant v\}=1-P\{\min\{X,Y\}>v\}$$
$$=1-P\{X>v,Y>v\}=1-(1-P\{X\leqslant v\})(1-P\{Y\leqslant v\})$$
$$=1-[1-F_X(v)]^2=\begin{cases}1-e^{-2v}, & v>0 \\ 0, & 其他\end{cases},$$

故 $$f_V(v)=F_V'(v)=\begin{cases}2e^{-2v}, & v>0 \\ 0, & 其他\end{cases}.$$

(2) **方法一**　$F_U(u)=P\{U\leqslant u\}=P\{\max(X,Y)\leqslant u\}=P\{X\leqslant u,Y\leqslant u\}$
$=P\{X\leqslant u\}P\{Y\leqslant u\}=[F_X(u)]^2$,

故 U 的概率密度为 $f_U(u)=2F_X(u)f_X(u)=\begin{cases}2(1-e^{-u})e^{-u}, & u>0 \\ 0, & 其他\end{cases}$,

进而 $E(U)=\int_{-\infty}^{+\infty}uf_U(u)\mathrm{d}u=\int_0^{+\infty}u\cdot 2(1-e^{-u})e^{-u}\mathrm{d}u=\frac{3}{2}$,

$E(V)=\int_{-\infty}^{+\infty}vf_U(v)\mathrm{d}v=\int_0^{+\infty}v\cdot 2e^{-2v}\mathrm{d}v=\frac{1}{2}$,

故 $E(U+V)=E(U)+E(V)=\frac{3}{2}+\frac{1}{2}=2$.

方法二　因为 $U=\max\{X,Y\}=\frac{X+Y}{2}+\frac{|X-Y|}{2}$, $V=\min\{X,Y\}=\frac{X+Y}{2}-\frac{|X-Y|}{2}$,所以 $U+V=X+Y$,进而 $E(U+V)=E(X+Y)=E(X)+E(Y)=1+1=2$.

45. **证明**　先考虑独立性.

当 $|x|>1$ 时，$f_X(x)=0$；

当 $|x|\leqslant 1$ 时，$f_X(x)=\int_{-\infty}^{+\infty}f(x,y)\mathrm{d}y=\int_{-\sqrt{1-x^2}}^{\sqrt{1-x^2}}\frac{1}{\pi}\mathrm{d}y=\frac{2}{\pi}\sqrt{1-x^2}$,

即 $f_X(x)=\begin{cases}\frac{2}{\pi}\sqrt{1-x^2}, & |x|\leqslant 1 \\ 0, & |x|>1\end{cases}.$

同理，当 $|y|>1$ 时，$f_Y(y)=0$；

当 $|y|\leqslant 1$ 时，$f_Y(y)=\int_{-\infty}^{+\infty}f(x,y)\mathrm{d}x=\int_{-\infty}^{+\infty}\frac{1}{\pi}\mathrm{d}x=\frac{2}{\pi}\sqrt{1-y^2}$,

即 $f_Y(y)=\begin{cases}\frac{2}{\pi}\sqrt{1-y^2}, & |y|\leqslant 1 \\ 0, & |y|>1\end{cases}.$

显然 $f_X(x)f_Y(y)\neq f(x,y)$，即 X,Y 不相互独立.

再考虑相关性.

$$E(X)=\int_{-\infty}^{+\infty}\int_{-\infty}^{+\infty}xf(x,y)\mathrm{d}x\mathrm{d}y=\iint\limits_{x^2+y^2\leqslant 1}x\cdot\frac{1}{\pi}\mathrm{d}x\mathrm{d}y=\int_{-1}^{1}\mathrm{d}x\int_{-\sqrt{1-x^2}}^{\sqrt{1-x^2}}x\frac{1}{\pi}\mathrm{d}y=0,$$

$$E(Y)=\int_{-\infty}^{+\infty}\int_{-\infty}^{+\infty}yf(x,y)\mathrm{d}x\mathrm{d}y=\iint\limits_{x^2+y^2\leqslant 1}y\cdot\frac{1}{\pi}\mathrm{d}x\mathrm{d}y=0,$$

$$E(XY)=\int_{-\infty}^{+\infty}\int_{-\infty}^{+\infty}xyf(x,y)\mathrm{d}x\mathrm{d}y=\int_{-1}^{1}\mathrm{d}x\int_{-\sqrt{1-x^2}}^{\sqrt{1-x^2}}xy\,\frac{1}{\pi}\mathrm{d}y=0,$$

$$\mathrm{Cov}(X,Y)=E(XY)-E(X)E(Y)=0,$$

所以 X,Y 是不相关的.

46. 答案 由于 X,Y 都服从参数为 λ 的泊松分布，则 $E(X)=E(Y)=D(X)=D(Y)=\lambda$.

又因为 X,Y 相互独立，所以 $D(U)=D(2X+Y)=D(2X)+D(Y)=5\lambda$.

同理可得 $D(V)=5\lambda$.

利用协方差的性质可得

$$\begin{aligned}\mathrm{Cov}(U,V)&=\mathrm{Cov}(2X+Y,2X-Y)=\mathrm{Cov}(2X,2X-Y)+\mathrm{Cov}(Y,2X-Y)\\&=\mathrm{Cov}(2X,2X)+\mathrm{Cov}(2X,-Y)+\mathrm{Cov}(Y,2X)+\mathrm{Cov}(Y,-Y)\\&=4\mathrm{Cov}(X,X)-2\mathrm{Cov}(X,Y)+2\mathrm{Cov}(Y,X)-\mathrm{Cov}(Y,Y)\\&=4D(X)-D(Y)=3\lambda,\end{aligned}$$

由以上结果可得 $\rho_{UV}=\dfrac{\mathrm{Cov}(U,V)}{\sqrt{D(U)D(V)}}=\dfrac{3\lambda}{5\lambda}=\dfrac{3}{5}$.

47. 答案 (1) (U,V) 的所有可能取值为$(1,1),(1,2),(2,1),(2,2)$，且

$$P\{U=1,V=1\}=P\{X=1,Y=1\}=P\{X=1\}P\{Y=1\}=\frac{4}{9},$$

$$P\{U=1,V=2\}=P(\varnothing)=0,$$

$$\begin{aligned}P\{U=2,V=1\}&=P\{X=1,Y=2\}+P\{X=2,Y=1\}\\&=P\{X=1\}P\{Y=1\}+P\{X=2\}P\{Y=1\}=\frac{4}{9},\end{aligned}$$

$$P\{U=2,V=2\}=P\{X=2,Y=2\}=P\{X=2\}P\{Y=2\}=\frac{1}{9},$$

所以(U,V) 的概率分布为

U	V	
	1	2
1	$\frac{4}{9}$	0
2	$\frac{4}{9}$	$\frac{1}{9}$

.

(2) 因为 $E(U)=1\times\dfrac{4}{9}+2\times\dfrac{5}{9}=\dfrac{14}{9}$, $E(V)=1\times\dfrac{8}{9}+2\times\dfrac{1}{9}=\dfrac{10}{9}$,

$$E(UV)=1\times1\times\frac{4}{9}+1\times2\times0+2\times1\times\frac{4}{9}+2\times2\times\frac{1}{9}=\frac{16}{9},$$

所以 $\mathrm{Cov}(U,V)=E(UV)-E(U)E(V)=\dfrac{16}{9}-\dfrac{14}{9}\times\dfrac{10}{9}=\dfrac{4}{81}$.

48. 答案 (1) 由已知条件 $P\{X=2Y\}=P\{X=0,Y=0\}+P\{X=2,Y=1\}$

$$=P\{XY=0\}+P\{XY=2\}=\frac{1}{4}+0=\frac{1}{4}.$$

(2) 由已知条件可得

$E(X)=0\times\frac{1}{2}+1\times\frac{1}{3}+2\times\frac{1}{6}=\frac{2}{3}, E(X^2)=0^2\times\frac{1}{2}+1^2\times\frac{1}{3}+2^2\times\frac{1}{6}=1,$

$E(Y)=0\times\frac{1}{3}+1\times\frac{1}{3}+2\times\frac{1}{3}=1, E(Y^2)=0^2\times\frac{1}{3}+1^2\times\frac{1}{3}+2^2\times\frac{1}{3}=\frac{5}{3},$

$E(XY)=0\times\frac{7}{12}+1\times\frac{1}{3}+2\times 0+4\times\frac{1}{12}=\frac{2}{3},$

$D(X)=E(X^2)-E^2(X)=1-\frac{4}{9}=\frac{5}{9},$

$D(Y)=E(Y^2)-E^2(Y)=\frac{5}{3}-1=\frac{2}{3},$

$\mathrm{Cov}(X,Y)=E(XY)-E(X)E(Y)=\frac{2}{3}-\frac{2}{3}\times 1=0,$

所以 $\mathrm{Cov}(X-Y,Y)=\mathrm{Cov}(X,Y)-\mathrm{Cov}(Y,Y)=-D(Y)=-\frac{2}{3},$

$$\rho_{XY}=\frac{\mathrm{Cov}(X,Y)}{\sqrt{D(X)D(Y)}}=0.$$

49. 答案 由已知 $P(AB)=P(A)P(B\mid A)=\frac{1}{4}\times\frac{1}{3}=\frac{1}{12}$, $P(B)=\frac{P(AB)}{P(A\mid B)}=\frac{1}{6}$.

(1) $P\{X=1,Y=1\}=P(AB)=\frac{1}{12},$

$P\{X=0,Y=1\}=P(\overline{A}B)=P(B)-P(AB)=\frac{1}{12},$

$P\{X=1,Y=0\}=P(A\overline{B})=P(A)-P(AB)=\frac{1}{6},$

$P\{X=0,Y=0\}=P(\overline{A}\overline{B})=1-P(A\cup B)=1-[P(A)+P(B)-P(AB)]=\frac{2}{3},$

因此 (X,Y) 的概率分布

X	Y	
	0	1
0	$\frac{2}{3}$	$\frac{1}{12}$
1	$\frac{1}{6}$	$\frac{1}{12}$

.

(2) 由(1) 容易得到 X,Y 的概率分布分别为

X	0	1
p	$\frac{3}{4}$	$\frac{1}{4}$

,

X	0	1
p	$\frac{5}{6}$	$\frac{1}{6}$

,

故 $E(X)=\frac{1}{4}, D(X)=\frac{3}{16}, E(Y)=\frac{1}{6}, D(Y)=\frac{5}{36}, E(XY)=\frac{1}{12}$，

因此 X 与 Y 的相关系数 $\rho_{XY}=\frac{\operatorname{Cov}(X,Y)}{\sqrt{D(X)}\sqrt{D(Y)}}=\frac{E(XY)-E(X)E(Y)}{\sqrt{D(X)}\sqrt{D(Y)}}=\frac{1}{\sqrt{15}}$.

(3) 因为

(X,Y)	$(0,0)$	$(0,1)$	$(1,0)$	$(1,1)$
X^2+Y^2	0	1	1	2
p	$\frac{2}{3}$	$\frac{1}{12}$	$\frac{1}{6}$	$\frac{1}{12}$

，

所以 Z 的概率分布

Z	0	1	2
p	$\frac{2}{3}$	$\frac{1}{4}$	$\frac{1}{12}$

.

50. 证明 由已知条件可得

X	0	1
p	$P(\overline{A})$	$P(A)$

，

Y	0	1
p	$P(\overline{B})$	$P(B)$

，

XY	0	1
p	$1-P(AB)$	$P(AB)$

，

于是 $E(X)=P(A), E(XY)=P(AB), E(Y)=P(B)$，

进而 $\operatorname{Cov}(X,Y)=E(XY)-E(X)E(Y)=P(AB)-P(A)P(B)$.

又 $\rho_{XY}=0$，故 $\operatorname{Cov}(X,Y)=0$，于是 $P(AB)=P(A)P(B)$，因此事件 A 与 B 相互独立.

进一步，$P\{X=1,Y=1\}=P(AB)=P(A)P(B)=P\{X=1\}P\{Y=1\}$，

$P\{X=1,Y=0\}=P(A\overline{B})=P(A)P(\overline{B})=P\{X=1\}P\{Y=0\}$，

$P\{X=0,Y=1\}=P(\overline{A}B)=P(\overline{A})P(B)=P\{X=0\}P\{Y=1\}$，

$P\{X=0,Y=0\}=P(\overline{A}\overline{B})=P(\overline{A})P(\overline{B})=P\{X=0\}P\{Y=0\}$，

故 X 与 Y 相互独立.

二、提高篇

1. 答案 B 【解答】方法一 当 $X\geqslant Y$ 时，$U=X, V=Y, UV=XY$；当 $X<Y$ 时，$U=Y$，$V=X, UV=XY$.

因为随机变量 X 与 Y 相互独立，所以 $E(UV)=E(XY)=E(X)\cdot E(Y)$.

方法二 由于

$$U=\max\{X,Y\}=\frac{1}{2}[(X+Y)+|X-Y|],$$

$$V=\min\{X,Y\}=\frac{1}{2}[(X+Y)-|X-Y|],$$

故 $UV=U=\frac{1}{2}[(X+Y)+|X-Y|]\cdot\frac{1}{2}[(X+Y)-|X-Y|]$

$=\frac{1}{4}[(X+Y)^2-|X-Y|^2]=XY$,

于是 $E(UV)=E(XY)=E(X)\cdot E(Y)$. 故应选 B.

2. 答案 D 【解析】$E(Y_1)=\frac{1}{2}\int_{-\infty}^{+\infty}y[f_1(y)+f_2(y)]\mathrm{d}y$

$$=\frac{1}{2}\int_{-\infty}^{+\infty}yf_1(y)\mathrm{d}y+\frac{1}{2}\int_{-\infty}^{+\infty}yf_2(y)\mathrm{d}y$$

$$=\frac{1}{2}[E(X_1)+E(X_2)]=E(Y_2),$$

$$E(Y_1^2)=\frac{1}{2}\int_{-\infty}^{+\infty}y^2[f_1(y)+f_2(y)]\mathrm{d}y=\frac{1}{2}(EX_1^2+EX_2^2),$$

$$D(Y_1)=E(Y_1^2)-[E(Y_1)]^2=\frac{1}{2}[E(X_1^2)+E(X_2^2)]-\left\{\frac{1}{2}[E(X_1)+E(X_2)]\right\}^2$$

$$=\frac{1}{4}[D(X_1)+D(X_2)]+\frac{1}{4}[E(X_1^2)+E(X_2^2)]-\frac{1}{2}E(X_1)\cdot E(X_2)$$

$$=\frac{1}{4}[D(X_1)+D(X_2)]+\frac{1}{4}E(X_1-X_2)^2\geqslant\frac{1}{4}[D(X_1)+D(X_2)]=D(Y_2),$$

故应选 D.

3. 答案 C 【解析】随机变量 X 的密度函数 $f(x)=F'(x)=0.3\Phi'(x)+\frac{0.7}{2}\Phi'\left(\frac{x-1}{2}\right)$,

则 $E(X)=\int_{-\infty}^{+\infty}xf(x)\mathrm{d}x=\int_{-\infty}^{+\infty}x\left[0.3\Phi'(x)+\frac{0.7}{2}\Phi'\left(\frac{x-1}{2}\right)\right]\mathrm{d}x$

$$=0.3\int_{-\infty}^{+\infty}x\Phi'(x)\mathrm{d}x+\frac{0.7}{2}\int_{-\infty}^{+\infty}x\Phi'\left(\frac{x-1}{2}\right)\mathrm{d}x$$

$$=0.3\int_{-\infty}^{+\infty}x\Phi'(x)\mathrm{d}x+0.7\int_{-\infty}^{+\infty}(2u+1)\Phi'(u)\mathrm{d}u=0.7,$$

故应选 C.

4. 答案 D 【解析】**方法一**(赋值法) 由于 C 是任意常数,取 $C=0$,可知选项 B 不正确.

又取 $C=\mu$,可知 C 项不正确.

又 $E(X-C)^2=E(X^2)-2CE(X)+C^2=E(X^2)-2C\mu+C^2$, 所以选项 A 不正确.

方法二(推证法)

因为 $$E(X-C)^2=E[(X-\mu)+(\mu-C)]^2$$
$$=E(X-\mu)^2+2(\mu-C)E(X-\mu)+(\mu-C)^2$$
$$=E(X-\mu)^2+(\mu-C)^2\geqslant E(X-\mu)^2,$$

所以 $E(X-C)^2\geqslant E(X-\mu)^2$, 故应选 D.

5. 答案 2 【解析】由离散型随机变量概率分布的性质知

$$1=\sum_{k=0}^{+\infty}P\{X=k\}=\sum_{k=0}^{+\infty}\frac{C}{k!}=C\sum_{k=0}^{+\infty}\frac{1}{k!}=C\mathrm{e},$$

故 $C=\mathrm{e}^{-1}$.

从而 X 服从参数为 1 的泊松分布,于是 $E(X)=D(X)=1$,所以

$$E(X^2)=D(X)+[E(X)]^2=2.$$

6. 答案 0 【解析】由已知条件 $Y=|X-a|$，且 $f_X(x)=\begin{cases}\frac{1}{2}, & -1\leqslant x\leqslant 1\\ 0, & \text{其他}\end{cases}$，则 $E(X)=0$，且

$$E(XY)=E(X|X-a|)=\int_{-\infty}^{+\infty}x|x-a|f_X(x)\mathrm{d}x=\int_{-1}^{1}x|x-a|\cdot\frac{1}{2}\mathrm{d}x$$
$$=\frac{1}{2}\int_{-1}^{a}x(a-x)\mathrm{d}x+\frac{1}{2}\int_{-1}^{a}x(x-a)\mathrm{d}x=\frac{a}{6}(a^2-3).$$

由于 X 与 Y 不相关，故 $\mathrm{Cov}(X,Y)=E(XY)-E(X)E(Y)=0$，即$\frac{a}{6}(a^2-3)=0$，

解之得 $a=0$，$a=\pm\sqrt{3}$(舍去).

7. 答案 $\frac{1}{2}$ 【解析】因为 X_1,X_2,X_3 相互独立，所以 X_1^2,X_2^2,X_3^2 相互独立. 又 $E(X_i)=0$，则 $E(X_i^2)=D(X_i)=\sigma^2$，于是

$$D(Y)=D(X_1X_2X_3)=E(X_1^2X_2^2X_3^2)-E^2(X_1X_2X_3)$$
$$=E(X_1^2)E(X_2^2)E(X_3^2)-E^2(X_1)E^2(X_2)E^2(X_3)=(\sigma^2)^3=\frac{1}{8},$$

故而 $\sigma^2=\frac{1}{2}$.

8. 答案 记 $q=1-p$，X 的概率分布为 $P\{X=k\}=q^{k-1}p,\ k=1,2,\cdots$，

$$E(X)=\sum_{k=1}^{\infty}kq^{k-1}p=p\sum_{k=1}^{\infty}(q^k)'=p\left(\sum_{k=1}^{\infty}q^k\right)'=p\left(\frac{q}{1-q}\right)'=\frac{1}{p}.$$

9. 答案 (1) $E(Z)=E\left(\frac{X}{3}+\frac{Y}{2}\right)=\frac{1}{3}E(X)+\frac{1}{2}E(Y)=\frac{1}{3}$，

$\mathrm{Cov}(X,Y)=\sqrt{DX}\cdot\sqrt{DY}\cdot\rho_{XY}=3\times4\times\left(-\frac{1}{2}\right)=-6$，

$D(Z)=D\left(\frac{X}{3}+\frac{Y}{2}\right)=\frac{1}{9}DX+\frac{1}{4}DY+\frac{1}{3}\mathrm{Cov}(X,Y)=3.$

(2) $\mathrm{Cov}(X,Z)=\mathrm{Cov}\left(X,\frac{X}{3}+\frac{Y}{2}\right)=\frac{1}{3}DX+\frac{1}{2}\mathrm{Cov}(X,Y)=0$，$\rho_{XZ}=\frac{\mathrm{Cov}(X,Z)}{\sqrt{DX}\ \sqrt{DZ}}=0.$

(3) 因为 X,Y 均服从正态分布，故 Z 也服从正态分布. 又 $\rho_{XZ}=0$，所以 X 与 Z 不相关，但是 (X,Z) 不一定服从二维正态分布，所以 X 与 Z 不一定相互独立.

10. 答案 设每周产量为 N，则每周的利润

$$T=\begin{cases}(C_2-C_1)N, & Q>N\\ C_2Q-C_1N-C_3(N-Q), & Q\leqslant N\end{cases}=\begin{cases}6N, & Q>N\\ 10Q-4N, & Q\leqslant N\end{cases},$$

利润的期望值 $E(T)=6NP\{Q>N\}+(10Q-4N)P\{Q\leqslant N\}$

$$=6N\sum_{n=N+1}^{5}\frac{1}{5}+10\sum_{n=1}^{N}n\cdot\frac{1}{5}-4N\sum_{n=1}^{N}\frac{1}{5}$$
$$=\frac{6}{5}N(5-N)+\frac{10}{5}\cdot\frac{N(N+1)}{2}-\frac{4}{5}N^2=7N-N^2.$$

令$\frac{\mathrm{d}E(T)}{\mathrm{d}N}=7-2N=0$，则 $N=\frac{7}{2}$. 又$\frac{\mathrm{d}^2E(T)}{\mathrm{d}N^2}=-2<0$，即当 $N=3.5$ 时，所期望的利润达到最大值，由于需求量 Q 与生产量 N 应取整数，且$E(T)|_{N=3}=E(T)|_{N=4}=12$，

所以取 $N=3$ 或 $N=4$,此时利润的最大期望值为 12 元.

11. 答案 设该商店每周的收入为 Z,由题意得

$$Z=g(X,Y)=\begin{cases}1000Y, & X\geqslant Y\\1000X+500(Y-X), & X<Y\end{cases}=\begin{cases}1000Y, & X\geqslant Y\\500(X+Y), & X<Y\end{cases}.$$

又因为 X 与 Y 相互独立,且都在 $[10,20]$ 上服从均匀分布,所以

$$f(x,y)=f_X(x)f_Y(y)=\begin{cases}\dfrac{1}{100}, & 10\leqslant x\leqslant 20,10\leqslant y\leqslant 20\\0, & \text{其他}\end{cases},$$

因此 $E(Z)=\int_{-\infty}^{+\infty}\int_{-\infty}^{+\infty}g(x,y)f(x,y)\mathrm{d}x\mathrm{d}y$

$$=\int_{10}^{20}\mathrm{d}x\int_{10}^{x}1000y\cdot\frac{1}{100}\mathrm{d}y+\int_{10}^{20}\mathrm{d}x\int_{x}^{20}500(x+y)\cdot\frac{1}{100}\mathrm{d}y$$

$=14166.67.$

12. 答案 (1) 当 $y<0$ 时,$F_Y(y)=P\{Y\leqslant y\}=P\{X^2\leqslant y\}=P(\varnothing)=0$,

当 $y\geqslant 0$ 时,$F_Y(y)=P\{X^2\leqslant y\}=P\{-\sqrt{y}\leqslant X\leqslant\sqrt{y}\}=F_X(\sqrt{y})-F_X(-\sqrt{y})$,

所以 Y 的概率密度 $f_Y(y)=F'_Y(y)=\begin{cases}[F_X(\sqrt{y})-F_X(-\sqrt{y})]', & y>0\\0, & y\leqslant 0\end{cases}$

$$=\begin{cases}\dfrac{1}{2\sqrt{y}}[f_X(\sqrt{y})+f_X(-\sqrt{y})], & y>0\\0, & y\leqslant 0\end{cases}$$

$$=\begin{cases}\dfrac{3}{8\sqrt{y}}, & 0<y<1\\\dfrac{1}{8\sqrt{y}}, & 1\leqslant y\leqslant 4\\0, & \text{其他}\end{cases}.$$

(2) 由已知 $E(X)=\int_{-\infty}^{+\infty}xf_X(x)\mathrm{d}x=\int_{-1}^{0}x\cdot\frac{1}{2}\mathrm{d}x+\int_{0}^{2}x\cdot\frac{1}{4}\mathrm{d}x=\frac{1}{4}$,

$E(Y)=E(X^2)=\int_{-\infty}^{+\infty}x^2f_X(x)\mathrm{d}x=\int_{-1}^{0}x^2\cdot\frac{1}{2}\mathrm{d}x+\int_{0}^{2}x^2\cdot\frac{1}{4}\mathrm{d}x=\frac{5}{6}$,

$E(XY)=E(X^3)=\int_{-\infty}^{+\infty}x^3f_X(x)\mathrm{d}x=\int_{-1}^{0}x^3\cdot\frac{1}{2}\mathrm{d}x+\int_{0}^{2}x^3\cdot\frac{1}{4}\mathrm{d}x=\frac{7}{8}$,

$\mathrm{Cov}(X,Y)=E(XY)-E(X)E(Y)=\frac{2}{3}.$

(3) $F\left(-\frac{1}{2},4\right)=P\left\{X\leqslant-\frac{1}{2},Y\leqslant 4\right\}=P\left\{X\leqslant-\frac{1}{2},-2\leqslant X\leqslant 2\right\}$

$$=P\left\{-2\leqslant X\leqslant-\frac{1}{2}\right\}=P\left\{-1\leqslant X\leqslant-\frac{1}{2}\right\}=\int_{-1}^{-\frac{1}{2}}\frac{1}{2}\mathrm{d}x=\frac{1}{4}.$$

13. 答案 (1) 由于 $f(x)=\frac{1}{2}\mathrm{e}^{-|x|},x\in\mathbf{R}$ 是偶函数,故 $E(X)=\int_{-\infty}^{+\infty}xf(x)\mathrm{d}x=0$,

$$E(X^2)=\int_{-\infty}^{+\infty}x^2f(x)\mathrm{d}x=\int_{-\infty}^{+\infty}x^2\cdot\frac{1}{2}\mathrm{e}^{-|x|}\mathrm{d}x=\int_{-\infty}^{0}x^2\cdot\frac{1}{2}\mathrm{e}^{x}\mathrm{d}x+\int_{0}^{+\infty}x^2\cdot\frac{1}{2}\mathrm{e}^{-x}\mathrm{d}x$$

$$= [(-x^2-2x-2)e^{-x}]\Big|_0^{+\infty} + [(x^2-2x+2)e^{-x}]\Big|_0^{+\infty} = 2,$$

$D(X) = E(X^2) - E^2(X) = 2.$

(2) 因为 $E(X|X|) = \int_{-\infty}^{+\infty} x|x|f(x)dx = 0$，

所以 $\mathrm{Cov}(X,|X|) = E(X|X|) - E(X)E(|X|) = E(X|X|) = 0$，

其相关系数 $\rho = \dfrac{\mathrm{Cov}(X,|X|)}{\sqrt{D(X)}\sqrt{D(|X|)}} = 0$，因此 X 与 $|X|$ 不相关.

(3) 设 $a > 0$，则 $\{|X| < a\} \subset \{X < a\}$，

故 $P\{X < a\} \cdot P\{|X| < a\} \leqslant P\{|X| < a\} = P\{X < a, |X| < a\}$，

又 $P\{|X| < a\} = \int_{-a}^{a} \frac{1}{2}e^{-|x|}dx > 0$，$P\{X < a\} = \int_{-\infty}^{a} \frac{1}{2}e^{-|x|}dx = 1 - \frac{1}{2}e^{-a} < 1$，

所以 $P\{X < a\} \cdot P\{|X| < a\} < P\{X < a, |X| < a\}$，因此 X 与 $|X|$ 不相互独立.

14. 答案 记 $E(X_i) = a, D(X_i) = b(i = 1,2,\cdots,10)$. 由于 $X_1, X_2, \cdots, X_{10}$ 独立，可见 $(X_1, X_2, \cdots, X_6)$ 和 $(X_7, X_8, \cdots, X_{10})$ 独立，以及 $(X_1, X_2, \cdots, X_4)$ 和 (X_5, X_6) 独立. 因此

$$\begin{aligned}\mathrm{Cov}(U,V) &= \mathrm{Cov}(X_1+\cdots+X_6, X_5+\cdots+X_{10}) = \mathrm{Cov}(X_1+\cdots+X_6, X_5+X_6)\\ &= \mathrm{Cov}(X_5+X_6, X_5+X_6) = D(X_5+X_6) = D(X_5)+D(X_6) = 2b,\end{aligned}$$

由 $D(U) = D(V) = 6b$，可知 $\rho = \dfrac{2b}{\sqrt{D(U)D(V)}} = \dfrac{2b}{6b} = \dfrac{1}{3}$.

15. 答案 (1) 根据已知条件可知 $g(x,y), h(x,y)$ 的边缘密度函数，所对应的随机变量都服从标准正态分布，故

$$f_X(x) = \int_{-\infty}^{+\infty} f(x,y)dy = \frac{1}{2}\int_{-\infty}^{+\infty} g(x,y)dy + \frac{1}{2}\int_{-\infty}^{+\infty} h(x,y)dy = \frac{1}{\sqrt{2\pi}}e^{-\frac{x^2}{2}}.$$

同理可求 $f_Y(y) = \dfrac{1}{\sqrt{2\pi}}e^{-\frac{y^2}{2}}$，

显然，随机变量 X,Y 都服从标准正态分布，且 $E(X) = E(Y) = 0$，$D(X) = D(Y) = 1$，

$$\begin{aligned}\text{相关系数 } \rho_{XY} &= \frac{\mathrm{Cov}(X,Y)}{\sqrt{D(X)D(Y)}} = \mathrm{Cov}(X,Y) = E(XY) = \int_{-\infty}^{+\infty}\int_{-\infty}^{+\infty} xyf(x,y)dxdy\\ &= \frac{1}{2}\int_{-\infty}^{+\infty}\int_{-\infty}^{+\infty} xyg(x,y)dxdy + \frac{1}{2}\int_{-\infty}^{+\infty}\int_{-\infty}^{+\infty} xyh(x,y)dxdy = \frac{1}{3} - \frac{1}{3} = 0.\end{aligned}$$

(2) 根据 $g(x,y), h(x,y)$ 都是二维正态变量的密度函数，且它们所对应的二维随机变量的相关系数分别为 $\frac{1}{3}$ 和 $-\frac{1}{3}$，它们的边缘密度函数所对应的随机变量的数学期望都是 0，方差都是 1. 从而

$$g(x,y) = \frac{3}{4\pi\sqrt{2}}e^{-\frac{9}{16}\left(x^2-\frac{2}{3}xy+y^2\right)}, h(x,y) = \frac{3}{4\pi\sqrt{2}}e^{-\frac{9}{16}\left(x^2+\frac{2}{3}xy+y^2\right)},$$

则 $f(x,y) = \dfrac{3}{8\pi\sqrt{2}}e^{-\frac{9}{16}\left(x^2+\frac{2}{3}xy+y^2\right)} + \dfrac{3}{8\pi\sqrt{2}}e^{-\frac{9}{16}\left(x^2-\frac{2}{3}xy+y^2\right)} \neq f_X(x)f_Y(y)$，

所以随机变量 X,Y 不相互独立.

第五章 大数定律与中心极限定理

一、基础篇

1. 答案 C 【解析】由已知条件得 $E(\overline{X})=E\left(\sum_{i=1}^{n}\frac{X_i}{n}\right)=\frac{1}{n}\sum_{i=1}^{n}E(X_i)=\frac{1}{n}\times n\mu=\mu$,

$$D(\overline{X})=D\left(\sum_{i=1}^{n}\frac{X_i}{n}\right)=\frac{1}{n^2}\sum_{i=1}^{n}D(X_i)=\frac{1}{n^2}\times n\times 8=\frac{8}{n},$$

于是所需要的切比雪夫不等式及 $P\{|\overline{X}-\mu|<4\}$ 的估计分别为

$P\{|\overline{X}-\mu|\geqslant\varepsilon\}\leqslant\frac{8}{n\varepsilon^2}$, $P\{|\overline{X}-\mu|<4\}\geqslant 1-\frac{1}{2n}$. 故应选 C.

2. 答案 B 【解析】由已知条件可得 $E(X_i)=\frac{1}{2}$, $D(X_i)=\frac{1}{4}$, 其中 $i=1,2,\cdots,n$. 于是

$$E(\sum_{i=1}^{n}X_i)=\sum_{i=1}^{n}E(X_i)=\frac{n}{2}.$$

由独立同分布中心极限定理得

$$\lim_{n\to+\infty}P\left\{\frac{1}{\sqrt{n}}(2\sum_{i=1}^{n}X_i-n)\leqslant x\right\}=\lim_{n\to+\infty}P\left\{\frac{\sum_{i=1}^{n}X_i-\frac{n}{2}}{\sqrt{\frac{n}{4}}}\leqslant x\right\}$$

$$=\lim_{n\to+\infty}P\left\{\frac{\sum_{i=1}^{n}X_i-n\mu}{\sqrt{n\sigma^2}}\leqslant x\right\}=\Phi(x).$$

因此,应选 B.

3. 答案 B 【解析】由已知条件得

$$E(X_i)=\lambda, D(X_i)=\lambda,\ Y_n=\frac{\sum_{i=1}^{n}X_i-E(\sum_{i=1}^{n}X_i)}{\sqrt{D(\sum_{i=1}^{n}X_i)}}=\frac{\sum_{i=1}^{n}X_i-n\lambda}{\sqrt{n\lambda}},$$

所以 $\lim_{n\to\infty}P\{Y_n\leqslant x\}=\lim_{n\to\infty}P\left\{\frac{\sum_{i=1}^{n}X_i-n\lambda}{\sqrt{n\lambda}}\leqslant x\right\}=\Phi(x)$. 故应选 B.

4. 答案 $\frac{1}{12}$ 【解析】由于 $E(X-Y)=E(X)-E(Y)=2-2=0$,

$D(X-Y)=D(X)+D(Y)-2\mathrm{Cov}(X,Y)=5-2\sqrt{D(X)}\cdot\sqrt{D(Y)}\cdot\rho_{XY}=3.$

由切比雪夫不等式，得

$$P\{|X-Y|\geqslant 6\}=P\{|(X-Y)-0|\geqslant \varepsilon\}\leqslant \frac{D(X-Y)}{6^2}=\frac{1}{12}.$$

5. 答案 $\frac{8}{9}$ 【解析】$P\{2<X<20\}=P\{2-11<X-11<20-11\}$

$$=P\{|x-11|<9\}$$

$$=P\{|X-E(X)|<9\}\geqslant 1-\frac{D(X)}{9^2}=\frac{8}{9}.$$

6. 答案 2 【解析】由于随机变量 X 在区间$[-1,3]$服从均匀分布，所以

$$E(X)=1,D(X)=\frac{16}{12}=\frac{4}{3}.$$

由切比雪夫不等式 $P\{|X-E(X)|<\varepsilon\}\geqslant 1-\frac{D(X)}{\varepsilon^2}$，有 $P\{|X-1|<\varepsilon\}\geqslant 1-\frac{4}{3\varepsilon^2}=\frac{2}{3}$，

解之得 $\varepsilon=2$.

7. 答案 0.816 【解析】由题意得 $E(X+2Y)=E(X)+2E(Y)=1$，

$$D(X+2Y)=D(X)+4D(Y)+4\mathrm{Cov}(X,Y)$$

$$=5+4[E(XY)-E(X)\cdot E(Y)]=4.6.$$

根据切比雪夫不等式，有

$$P\{-4<X+2Y<6\}=P\{-4-1<x+2Y-1<6-1\}$$

$$=P\{|(X+2Y)-E(X+2Y)|<5\}$$

$$\geqslant 1-\frac{D(X+2Y)}{5^2}=0.816.$$

8. 答案 0 【解析】由伯努利大数定理，得 $\lim\limits_{n\to\infty}P\left\{\left|\frac{Y_n}{n}-p\right|\geqslant\varepsilon\right\}=0.$

9. 答案 $\sigma^2+\mu^2$ 【解析】因为 $X_1,X_2,\cdots,X_n$ 为来自总体分布 $N(\mu,\sigma^2)$ 的样本，故 $E(X_i)=\mu$, $D(X_i)=\sigma^2$, $E(X_i^2)=D(X_i)+[E(X_i)]^2=\sigma^2+\mu^2$.

由切比雪夫大数定律，$Y_n=\frac{1}{n}\sum\limits_{i=1}^{n}X_i^2$ 依概率收敛于 $\sigma^2+\mu^2$.

10. 答案 设第 i 只元件的寿命为 $X_i(1\leqslant i\leqslant 16)$，故 $E(X_i)=100,D(X_i)=100^2(1\leqslant i\leqslant 16)$.

由独立同分布中心极限定理，有 $\dfrac{\sum\limits_{i=1}^{16}X_i-1600}{400}=\dfrac{\frac{1}{16}\sum\limits_{i=1}^{16}X_i-100}{\sqrt{100^2}/\sqrt{16}}\sim N(0,1)$，

故 $P\left\{\sum\limits_{i=1}^{16}X_i\leqslant 1920\right\}=P\left\{\dfrac{\sum\limits_{i=1}^{16}X_i-1600}{400}\leqslant\dfrac{320}{400}=0.8\right\}=\Phi(0.8)=0.7881$，

于是 $P\left\{\sum\limits_{i=1}^{16}X_i>1920\right\}=0.2119.$

11. 答案 设 X 为 100 人中治愈的人数，则 $X\sim B(n,p)$，其中 $n=100$，

由棣莫弗－拉普拉斯中心极限定理，有 $\dfrac{X-np}{\sqrt{npq}}\sim N(0,1)$.

(1) 设 $p=0.8$，则

$$P\{X>75\}=1-P\{X\leqslant 75\}=1-P\left\{\frac{X-np}{\sqrt{npq}}\leqslant\frac{75-np}{\sqrt{npq}}\right\}=1-\Phi\left(\frac{75-np}{\sqrt{npq}}\right)$$

$$= 1 - \Phi\left(-\frac{5}{4}\right) = \Phi(1.25) = 0.8944.$$

(2) 设 $p = 0.7$,则

$$P\{X > 75\} = 1 - P\{X \leqslant 75\} = 1 - P\left\{\frac{X - np}{\sqrt{npq}} \leqslant \frac{75 - np}{\sqrt{npq}}\right\} = 1 - \Phi\left(\frac{75 - np}{\sqrt{npq}}\right)$$

$$= 1 - \Phi(1.09) = 1 - 0.8621 = 0.1379.$$

12. 答案 由于 $E(Y_n) = \dfrac{2}{n(n+1)}\sum_{i=1}^{n} iE(X_i) = \dfrac{2\mu}{n(n+1)}\sum_{i=1}^{n} i = \mu$,

$$D(Y_n) = \frac{4}{n^2(n+1)^2}\sum_{i=1}^{n} i^2 D(X_i) = \frac{4\sigma^2}{n^2(n+1)^2}\sum_{l=1}^{n} i^2 = \frac{4(2n+1)\sigma^2}{6n(n+1)},$$

故由切比雪夫不等式,对于任意 $\varepsilon > 0$,有

$$P\{|Y_n - E(Y_n)| \geqslant \varepsilon\} = P\{|Y_n - \mu| \geqslant \varepsilon\} \leqslant \frac{D(Y_n)}{\varepsilon^2} = \frac{4(2n+1)\sigma^2}{6n(n+1)\varepsilon^2},$$

故 $\lim\limits_{n\to\infty} P\{|Y_n - \mu| \geqslant \varepsilon\} = 0$,进而 $\lim\limits_{n\to\infty} P\{|Y_n - \mu| < \varepsilon\} = 1$,即随机变量序列 $\{Y_n\}$ 依概率收敛于 μ.

13. 答案 设第 i 箱的重量为 $X_i (i = 1,2,\cdots)$.

由题意知,$X_1, X_2, \cdots, X_n, \cdots$ 是独立的,且 $E(X_i) = 50, \sqrt{D(X_i)} = 5 (i = 1,2,\cdots)$.

设每辆车可装 N 箱,则有 $P\left\{\sum_{i=1}^{N} X_i \leqslant 5000\right\} \geqslant 0.977$. 又 $E\left(\sum_{i=1}^{N} X_i\right) = \sum_{i=1}^{N} E(X_i) = 50N$,

由独立同分布中心极限定理知:当 N 充分大时,$\dfrac{\sum_{i=1}^{N} X_i - 50N}{\sqrt{25N}}$ 近似服从 $N(0,1)$,

故有 $P\left\{\sum_{i=1}^{N} X_i \leqslant 5000\right\} = P\left\{\dfrac{\sum_{i=1}^{N} X_i - 50N}{5\sqrt{N}} \leqslant \dfrac{5000 - 50N}{5\sqrt{N}}\right\} \approx \Phi\left(\dfrac{5000 - 50N}{5\sqrt{N}}\right) \geqslant 0.977$,

故 N 应满足 $\dfrac{1000 - 10N}{\sqrt{N}} \geqslant 2$,即 $N \leqslant \left(\dfrac{-1 + \sqrt{10001}}{10}\right)^2 \approx 98.0199$.

取 $N = 98$,即每辆车最多可装 98 箱.

14. 答案 用 X 表示在某时刻开工的车床数,根据题设条件可知 $X \sim B(200, 0.6)$.

假设需要 M 千瓦的电力就能以 99.9% 的概率保证该车间不会因供电不足而影响生产,故应有 $P\{15X \leqslant M\} \geqslant 0.999$.

又 $P\{15X \leqslant M\} = P\left\{X \leqslant \dfrac{M}{15}\right\} = P\left\{\dfrac{X - 120}{\sqrt{48}} \leqslant \dfrac{\frac{M}{15} - 120}{\sqrt{48}}\right\} \approx \Phi\left(\dfrac{\frac{M}{15} - 120}{\sqrt{48}}\right)$,

得 $\Phi(3.09) = 0.99900$. 欲使 $P\{15X \leqslant M\} \geqslant 0.99900$,只要 $\dfrac{\frac{M}{15} - 120}{\sqrt{48}} \geqslant 3.09$,

解得 $M \geqslant 15(120 + 3.09\sqrt{48}) \approx 2121.1$.

因此供应 2121.1 千瓦电力就能以 99.9% 的概率保证该车间不会因供电不足而影响生产.

第六章 数理统计的基本概念

一、基础篇

1. 答案 C 【解析】所谓统计量就是不包含总体中任何未知参数的样本的函数.

根据题意可知 σ^2 未知,故 $\sum_{i=1}^{n}\left(\frac{X_i-\mu}{\sigma}\right)^2$ 不能作为统计量,因此应选 C.

2. 答案 C 【解析】因为总体 $X \sim N(1,2^2)$,$X_1,X_2,\cdots,X_n$ 为总体 X 的简单随机样本,

故 $\overline{X} \sim N\left(1,\frac{2^2}{n}\right)$,于是 $\frac{\overline{X}-1}{2/\sqrt{n}} \sim N(0,1)$,故应选 C.

3. 答案 C 【解答】因为 $X_1,X_2,\cdots,X_n$ 为来自总体 $N(0,\sigma^2)$,故

$$\left(\frac{X_i}{\sigma}\right)^2 \sim \chi^2(1),E\left(\frac{X_i}{\sigma}\right)^2=1,D\left(\frac{X_i}{\sigma}\right)^2=2,$$

所以 $D(A_2)=\frac{D\left(\sum\limits_{i=1}^{n}X_i^2\right)}{n^2}=\frac{\sigma^4 D\left[\sum\limits_{i=1}^{n}\left(\frac{X_i}{\sigma}\right)^2\right]}{n^2}=\frac{\sigma^4\times 2n}{n^2}=\frac{2\sigma^4}{n}$. 故应选 C.

4. 答案 C 【解析】抽样分布均要求随机变量间具有相互独立性,A、B、D 三个选项只有在独立的条件下才成立,选项 C 只体现其中一个标准正态分布变量的平方,且 X^2 和 Y^2 都服从 $\chi^2(1)$ 分布,故应选 C.

5. 答案 C 【解析】由于 $X_i \sim B(1,p)$,且 $X_1,X_2,\cdots,X_n$ 相互独立,所以 $\sum\limits_{i=1}^{n}X_i \sim B(n,p)$,

于是 $P\left\{\overline{X}=\frac{k}{n}\right\}=P\left\{\frac{1}{n}\sum\limits_{i=1}^{n}X_i=\frac{k}{n}\right\}=P\left\{\sum\limits_{i=1}^{n}X_i=k\right\}=C_n^k p^k(1-p)^{n-k}$.

6. 答案 B 【解析】由已知条件及正态分布的性质可知

$$X_1-X_2 \sim N(0,2\sigma^2),X_3+X_4-2 \sim N(0,2\sigma^2),$$

于是 $\frac{X_1-X_2}{\sqrt{2}\sigma} \sim N(0,1)$,$\frac{X_3+X_4-2}{\sqrt{2}\sigma} \sim N(0,1)$,进而 $\left(\frac{X_3+X_4-2}{\sqrt{2}\sigma}\right)^2 \sim \chi^2(1)$,

因此 $\frac{X_1-X_2}{|X_3+X_4-2|}=\frac{\frac{X_1-X_2}{2\sigma}}{\sqrt{\left(\frac{X_3+X_4-2}{2\sigma}\right)^2}} \sim t(1)$.

7. 答案 D 【解析】由于 $X_1,X_2,\cdots,X_{16}$ 是来自正态总体 $N(2,\sigma^2)$ 的一个样本,所以 $\overline{X}$ 服从 $N\left(2,\frac{\sigma^2}{16}\right)$,

于是$\dfrac{4\overline{X}-8}{\sigma}=\dfrac{\overline{X}-2}{\sigma/\sqrt{16}}\sim N(0,1)$.

8. 答案 D 【解析】根据单正态总体抽样分布定理，有 $n\overline{X}=\sum_{i=1}^{n}X_i\sim N(0,n)$,

$$\frac{(n-1)S^2}{\sigma^2}=(n-1)S^2=\sum_{i=1}^{n}(X_i-\overline{X})^2\sim\chi^2(n-1),$$

$$\frac{\overline{X}-\mu}{S/\sqrt{n}}=\frac{\sqrt{n}\overline{X}}{S}\sim t(n-1),$$

所以 A、B、C 三项均不正确.

事实上，由已知条件可得 $X_1^2\sim\chi^2(1)$，$\sum_{i=2}^{n}X_i^2\sim\chi^2(n-1)$，且 X_1^2 与 $\sum_{i=2}^{n}X_i^2$ 独立，

因此 $\dfrac{(n-1)X_1^2}{\sum_{i=2}^{n}X_i^2}=\dfrac{X_1^2}{\dfrac{\sum_{i=2}^{n}X_i^2}{n-1}}\sim F(1,n-1)$.

9. 答案 B 【解析】因为 $X_1,X_2,\cdots,X_n$ 为来自正态总体 $N(\mu,\sigma^2)$ 的简单随机样本，$\overline{X}$ 是样本均值，故 $\dfrac{\overline{X}-\mu}{\sigma/\sqrt{n}}\sim N(0,1)$，而$\dfrac{nS_2^2}{\sigma^2}\sim\chi^2(n-1)$,

所以 $T=\dfrac{\dfrac{\overline{X}-\mu}{\sigma/\sqrt{n}}}{\sqrt{\dfrac{nS_2^2}{\sigma^2}\Big/(n-1)}}=\dfrac{\overline{X}-\mu}{S_2/\sqrt{n-1}}\sim t(n-1)$.

10. 答案 $\dfrac{2}{5n}$ 【解析】因为 $E(X^2)=\int_{\theta}^{2\theta}x^2\dfrac{2x}{3\theta^2}\mathrm{d}x=\dfrac{5}{2}\theta^2$，$X_1,X_2,\cdots,X_n$ 为来自总体 X 的简单样本，故 $\theta^2=E\left(c\sum_{i=1}^{n}X_i^2\right)=c\sum_{i=1}^{n}E(X_i^2)=\dfrac{5n}{2}\theta^2c$，由此可得，$c=\dfrac{2}{5n}$.

11. 答案 $\dfrac{1}{n\sigma^2}$ 【解析】因为 $\sum_{i=1}^{n}X_i\sim N(0,n\sigma^2)$，$\dfrac{\sum_{i=1}^{n}X_i}{\sqrt{n}\sigma}\sim N(0,1)$，故 $\dfrac{1}{n\sigma^2}\left(\sum_{i=1}^{n}X_i\right)^2=\left(\dfrac{\sum_{i=1}^{n}X_i}{\sqrt{n}\sigma}\right)^2\sim\chi^2(1)$，于是 $C=\dfrac{1}{n\sigma^2}$.

12. 答案 $n,2$ 【解析】因为 $X_1,X_2,\cdots,X_n$ 来自总体$\chi^2(n)$，所以 $E(X_i)=n$，$D(X_i)=2n\ (i=1,2,\cdots,n)$，于是

$$E(\overline{X})=n,\ D(\overline{X})=\frac{D\left(\sum_{i=1}^{n}X_i\right)}{n^2}=\frac{n\times 2n}{n^2}=2.$$

13. 答案 $t_{\frac{1-\alpha}{2}}(n)$ 【解析】由 $P\{|X|\leqslant x\}=P\{-x\leqslant X\leqslant x\}=\alpha$，可得 $P\{X<-x\}+P\{X>x\}=1-\alpha$.

根据对称性，得 $P\{X > x\} = \frac{1-\alpha}{2}$，所以 $x = t_{\frac{1-\alpha}{2}}(n)$.

14. 答案 $t(n-1), F(1, n-1)$ 【解析】由单正态总体抽样分布定理，

有 $\overline{X} \sim N\left(0, \frac{\sigma^2}{n}\right)$ 或 $\frac{\sqrt{n}\,\overline{X}}{\sigma} \sim N(0,1)$，又 $\frac{(n-1)S^2}{\sigma^2} \sim \chi^2(n-1)$，故

$$\frac{\sqrt{n}\,\overline{X}}{S} = \frac{\frac{\sqrt{n}\,\overline{X}}{\sigma}}{\sqrt{\frac{(n-1)S^2}{\sigma^2}/(n-1)}} \sim t(n-1),$$

$$\frac{n(\overline{X})^2}{S^2} = \frac{\left(\frac{\sqrt{n}\overline{X}}{\sigma}\right)^2}{\frac{(n-1)S^2}{\sigma^2}/(n-1)} \sim F(1, n-1).$$

15. 答案 $\frac{1}{4}, \frac{1}{8}, \frac{1}{12}, \frac{1}{16}$ 【解析】对统计量进行化简，得

$Y = (\sqrt{a}X_1)^2 + [\sqrt{b}(X_2 + X_3)]^2 + [\sqrt{c}(X_4 + X_5 + X_6)]^2 + [\sqrt{d}(X_7 + X_8 + X_9 + X_{10})]^2$，

于是 $\sqrt{a}X_1 \sim N(0,1)$，即 $D(\sqrt{a}X_1) = 1$，于是 $a = \frac{1}{4}$.

同理，$\sqrt{b}(X_2 + X_3) \sim N(0,1)$，即 $D[\sqrt{b}(X_2 + X_3)] = 1$，于是 $b = \frac{1}{8}$.

同理，$\sqrt{c}(X_4 + X_5 + X_6) \sim N(0,1)$，即 $D[\sqrt{c}(X_4 + X_5 + X_6)] = 1$，于是 $c = \frac{1}{12}$.

同理，$\sqrt{d}(X_7 + X_8 + X_9 + X_{10}) \sim N(0,1)$，即 $D[\sqrt{d}(X_7 + X_8 + X_9 + X_{10})] = 1$，于是 $d = \frac{1}{16}$.

16. 答案 $\frac{1}{20}, \frac{1}{100}, 2$ 【解析】因为 X_1, X_2, X_3, X_4 是来自正态总体 $N(0, 2^2)$ 的简单随机样本，所以 X_1, X_2, X_3, X_4 相互独立，且 $X_i \sim N(0, 2^2)(i = 1,2,3,4)$，因此

$X_1 - 2X_2 \sim N(0,20), 3X_3 - 4X_4 \sim N(0,100)$ 或 $\frac{X_1 - 2X_2}{\sqrt{20}}, \frac{3X_3 - 4X_4}{10} \sim N(0,1)$，相互独立.

故 $\frac{1}{20}(X_1 - 2X_2)^2 + \frac{1}{100}(3X_3 - 4X_4)^2 = \left(\frac{X_1 - 2X_2}{\sqrt{20}}\right)^2 + \left(\frac{3X_3 - 4X_4}{10}\right)^2 \sim \chi^2(2)$，

因此当 $a = \frac{1}{20}, b = \frac{1}{100}$ 时，统计量 X 服从 χ^2 分布，其自由度为 2.

17. 答案 $t, 9$ 【解析】因为 $X_1, X_2, \cdots, X_9$ 和 $Y_1, Y_2, \cdots, Y_9$ 分别是来自总体 X 和 Y 的简单随机样本，所以 $X_1, X_2, \cdots, X_9$ 相互独立，$Y_1, Y_2, \cdots Y_9$ 相互独立，且 $X \sim N(0, 3^2)$，$Y \sim N(0, 3^2)$，故 $\overline{X} = \frac{1}{9}\sum_{i=1}^{9} X_i \sim N(0,1)$，$\frac{1}{3}Y_i \sim N(0,1)$，$\sum_{i=1}^{9}\left(\frac{1}{3}Y_i\right)^2 \sim \chi^2(9)$.

又 X 和 Y 相互独立，所以 $\dfrac{\dfrac{1}{9}\sum\limits_{i=1}^{9}X_i}{\sqrt{\sum\limits_{i=1}^{9}\left(\dfrac{1}{3}Y_i\right)^2/9}}=\dfrac{X_1+X_2+\cdots+X_9}{\sqrt{Y_1^2+Y_2^2+\cdots+Y_9^2}}=U\sim t(9)$，

故 $U=\dfrac{X_1+X_2+\cdots+X_9}{\sqrt{Y_1^2+Y_2^2+\cdots+Y_9^2}}$ 服从 t 分布，参数为 9.

18. 答案 $F,(10,5)$ 【解析】因为 $X\sim N(0,2^2)$，而 $X_1,X_2,\cdots,X_{15}$ 是来自总体 X 的简单随机样本，故 $X_i\sim N(0,2^2)$，$\dfrac{X_i}{2}\sim N(0,1)$，$i=1,2,\cdots,15$，

因此 $\dfrac{1}{4}(X_1^2+\cdots+X_{10}^2)\sim\chi^2(10)$，$\dfrac{1}{4}(X_{11}^2+\cdots+X_{15}^2)\sim\chi^2(5)$，且两者独立，

所以 $Y=\dfrac{X_1^2+\cdots+X_{10}^2}{2(X_{11}^2+\cdots+X_{15}^2)}=\dfrac{\dfrac{1}{4}(X_1^2+\cdots+X_{10}^2)/10}{\dfrac{1}{4}(X_{11}^2+\cdots+X_{15}^2)/5}\sim F(10,5)$，

即 $Y=\dfrac{X_1^2+\cdots+X_{10}^2}{2(X_{11}^2+\cdots+X_{15}^2)}$ 服从 F 分布，参数为(10,5).

19. 答案 0.95 【解析】由 $X\sim F(n,n)$ 可知 $\dfrac{1}{X}\sim F(n,n)$，

于是 $P\left\{X>\dfrac{1}{\alpha}\right\}=P\{X<\alpha\}=1-P\{X\geqslant\alpha\}=1-0.05=0.95$.

20. 答案 0.9772 【解析】根据单正态总体抽样分布定理，有 $\overline{X}\sim N(3,1)$ 或 $\overline{X}-3\sim N(0,1)$，故 $P\{-1<\overline{X}<5\}=P\{-1-3<\overline{X}-3<5-3\}=\Phi(2)-\Phi(-4)\approx\Phi(2)=0.9772$.

21. 答案 16 【解析】用 X_i 表示第 i 次称量结果，则 $X_i\sim N(a,0.2^2)$，$\overline{X}_n\sim N\left(a,\dfrac{0.2^2}{n}\right)$，

$\dfrac{\overline{X}_n-a}{0.2/\sqrt{n}}\sim N(0,1)$，

$$P\{|\overline{X}_n-a|<0.1\}=P\left\{\left|\frac{\overline{X}_n-a}{0.2/\sqrt{n}}\right|<\frac{\sqrt{n}}{2}\right\}$$

$$=\Phi\left(\frac{\sqrt{n}}{2}\right)-\Phi\left(-\frac{\sqrt{n}}{2}\right)=2\Phi\left(\frac{\sqrt{n}}{2}\right)-1\geqslant 0.95,$$

因此 $\Phi\left(\dfrac{\sqrt{n}}{2}\right)\geqslant 0.975$，故 $\dfrac{\sqrt{n}}{2}\geqslant 1.96$，即 $n\geqslant 15.37$，所以 n 的最小值应不小于自然数 16.

22. 答案 σ^2 【解析】因为 $X\sim N(\mu_1,\sigma^2)$，$Y\sim N(\mu_2,\sigma^2)$，$X_1,X_2,\cdots,X_{n_1}$ 和 $Y_1,Y_2,\cdots Y_{n_2}$ 分别是来自总体 X 和 Y 的简单随机样本，所以 $\dfrac{\sum\limits_{i=1}^{n_1}(X_i-\overline{X})^2}{\sigma^2}\sim\chi^2(n_1-1)$，$\dfrac{\sum\limits_{j=1}^{n_2}(Y_j-\overline{Y})^2}{\sigma^2}\sim\chi^2(n_2-1)$，且两者独立，故

$$\frac{\sum_{i=1}^{n_1}(X_i-\overline{X})^2+\sum_{j=1}^{n_2}(Y_j-\overline{Y})^2}{\sigma^2}=\frac{\sum_{i=1}^{n_1}(X_i-\overline{X})^2}{\sigma^2}+\frac{\sum_{j=1}^{n_2}(Y_j-\overline{Y})^2}{\sigma^2}\sim\chi^2(n_1+n_2-2),$$

于是$E\left[\frac{\sum_{i=1}^{n_1}(X_i-\overline{X})^2+\sum_{j=1}^{n_2}(Y_j-\overline{Y})^2}{\sigma^2}\right]=n_1+n_2-2$或$E\left[\frac{\sum_{i=1}^{n_1}(X_i-\overline{X})^2+\sum_{j=1}^{n_2}(Y_j-\overline{Y})^2}{n_1+n_2-2}\right]=\sigma^2$.

23. 答案 np^2 【解析】由样本均值和方差分别是总体均值和方差的无偏估计，可知

$$E(\overline{X})=E(X),E(S^2)=D(X).$$

由 $X\sim B(n,p)$ 得 $E(X)=np,D(X)=np(1-p)$，

故 $E(T)=E(\overline{X})-E(S^2)=np-np(1-p)=np^2$.

24. 答案 设 X 表示 2 500 人中的死亡人数，则 $X\sim B(2\,500,0.002)$，

由棣莫弗－拉普拉斯中心极限定理，有$\frac{X-2\,500\times0.002}{\sqrt{2\,500\times0.002\times0.998}}\sim N(0,1)$.

(1) 保险公司亏本的概率为

$$P\{2\,500\times120-20000X<0\}=P\{X>15\}=1-P\{X\leqslant15\}$$

$$=1-P\left\{\frac{X-2\,500\times0.002}{\sqrt{2\,500\times0.002\times0.998}}\leqslant\frac{15-2\,500\times0.002}{\sqrt{2\,500\times0.002\times0.998}}\right\}\approx1-\Phi\left(\frac{10}{\sqrt{4.99}}\right)$$

$$=0.000069.$$

(2) 保险公司获利不少于 100 000 元的概率为

$$P\{2\,500\times120-20\,000X\geqslant100\,000\}=P\{X\leqslant10\}$$

$$=P\left\{\frac{X-2\,500\times0.002}{\sqrt{2\,500\times0.002\times0.998}}\leqslant\frac{10-2\,500\times0.002}{\sqrt{2\,500\times0.002\times0.998}}\right\}\approx\Phi\left(\frac{5}{\sqrt{4.99}}\right)$$

$$=0.9874.$$

25. 答案 (1) 由题设可知 $\overline{X}\sim N\left(12,\frac{4}{5}\right)$或$\frac{\overline{X}-12}{\sqrt{\frac{4}{5}}}\sim N(0,1)$，故

$$P\{|\overline{X}-12|>1\}=P\left\{\left|\frac{\overline{X}-12}{\sqrt{\frac{4}{5}}}\right|>\frac{1}{\sqrt{\frac{4}{5}}}\right\}=2P\left\{\frac{\overline{X}-12}{\sqrt{\frac{4}{5}}}>\frac{\sqrt{5}}{2}\right\}$$

$$=2\left[1-\Phi\left(\frac{\sqrt{5}}{2}\right)\right]=0.2628.$$

(2) $P\{\max\{X_1,X_2,X_3,X_4,X_5\}>15\}=1-P\{\max\{X_1,X_2,X_3,X_4,X_5\}\leqslant15\}$

$$=1-\prod_{i=1}^{5}P\{X_i\leqslant15\}=1-\left[\Phi\left(\frac{15-12}{2}\right)\right]^5$$

$$=0.2923.$$

$$(3)P\{\min\{X_1,X_2,X_3,X_4,X_5\}<10\}=1-P\{\min\{X_1,X_2,X_3,X_4,X_5\}\geqslant 10\}$$
$$=1-\prod_{i=1}^{5}P\{X_i\geqslant 10\}=1-\left[1-\Phi\left(\frac{10-12}{2}\right)\right]^5$$
$$=1-[\Phi(1)]^5=0.5785.$$

二、提高篇

1. 答案 D　【解析】由于$\sum_{i=1}^{n}(X_i-C)^2=\sum_{i=1}^{n}[(X_i-\overline{X})+(\overline{X}-C)]^2$

$$=\sum_{i=1}^{n}(X_i-\overline{X})^2+2(\overline{X}-C)\sum_{i=1}^{n}(X_i-\overline{X})+n(\overline{X}-C)^2,$$

又$\sum_{i=1}^{n}(X_i-\overline{X})=\sum_{i=1}^{n}X_i-n\overline{X}=\sum_{i=1}^{n}X_i-\sum_{i=1}^{n}X_i=0$，

因此 $\sum_{i=1}^{n}(X_i-C)^2=\sum_{i=1}^{n}(X_i-\overline{X})^2+n(\overline{X}-C)^2\geqslant\sum_{i=1}^{n}(X_i-\overline{X})^2$.

2. 答案 D　【解析】由于 $X_1,X_2,\cdots,X_n$ 为来自正态总体 $N(\mu,\sigma^2)$ 的简单随机样本，

则$\frac{\overline{X}-\mu}{\sigma/\sqrt{n}}\sim N(0,1)$，$\frac{(n-1)S^2}{\sigma^2}\sim\chi^2(n-1)$，且$\frac{\overline{X}-\mu}{\sigma/\sqrt{n}}$与$\frac{(n-1)S^2}{\sigma^2}$相互独立，

故$\frac{n(\overline{X}-\mu)^2}{\sigma^2}+\frac{(n-1)S^2}{\sigma^2}\sim\chi^2(n)$.

3. 答案 $\frac{n}{(n-1)\sigma^2}$　【解析】因为 $X_1,X_2,\cdots,X_n$ 是来自正态总体 $N(\mu,\sigma^2)$ 的一个简单随机样本，所以 $X_1,X_2,\cdots,X_n$ 相互独立，且 $X_i\sim N(\mu,\sigma^2)$，故 $X_n-\overline{X}=X_n-\frac{1}{n}\sum_{i=1}^{n}X_i=\left(\frac{n-1}{n}\right)X_n-\frac{1}{n}\sum_{i=1}^{n-1}X_i$ 服从正态分布，又

$$E(X_n-\overline{X})=E\left(\frac{n-1}{n}X_n\right)-\frac{1}{n}\sum_{i=1}^{n-1}E(X_i)=\left(\frac{n-1}{n}-\frac{n-1}{n}\right)\mu=0,$$

$$D(X_n-\overline{X})=\left(\frac{n-1}{n}\right)^2D(X_n)+\frac{1}{n^2}\sum_{i=1}^{n-1}D(X_i)=\left[\frac{(n-1)^2}{n^2}+\frac{n-1}{n^2}\right]\sigma^2=\frac{n-1}{n}\sigma^2,$$

于是 $X_n-\overline{X}\sim N\left(0,\frac{n-1}{n}\sigma^2\right)$或$\frac{X_n-\overline{X}}{\sqrt{\frac{n-1}{n}}\sigma}\sim N(0,1)$，故

$$\left(\frac{X_n-\overline{X}}{\sqrt{\frac{n-1}{n}}\sigma}\right)^2=\frac{n}{(n-1)\sigma^2}(X_n-\overline{X})^2\sim\chi^2(1),$$

所以 $C=\frac{n}{(n-1)\sigma^2}$ 时，统计量 $T=C(X_n-\overline{X})^2$ 服从自由度为 1 的 χ^2 分布.

4. 答案 2 【解析】因为总体 X 的概率密度函数为 $f(x)=\frac{1}{2}e^{-|x|}, x\in \mathbf{R}$，所以

$$E(X)=\int_{-\infty}^{+\infty}xf(x)dx=0, E(X^2)=\int_{-\infty}^{+\infty}x^2f(x)dx=\frac{1}{2}\int_{-\infty}^{+\infty}x^2e^{-|x|}dx=\int_0^{+\infty}x^2e^{-x}dx=2,$$

于是，有 $E(S^2)=DX=E(X^2)-E^2(X)=2.$

5. 答案 因为总体 $X\sim N(\mu,\sigma^2)$，$X_1,X_2,\cdots,X_{2n}$ 为总体 X 的简单随机样本，所以 $X_1,X_2,\cdots,X_{2n}$ 相互独立且 $X_i\sim N(\mu,\sigma^2), i=1,2,\cdots,2n.$

方法一 由题意得 $2\overline{X}=2\times\frac{1}{2n}\sum_{i=1}^{2n}X_i=\frac{1}{n}\left(\sum_{i=1}^{n}X_i+\sum_{i=1}^{n}X_{n+i}\right)=\overline{X}_1+\overline{X}_2,$

$$\begin{aligned}Y&=\sum_{i=1}^{n}(X_i+X_{n+i}-2\overline{X})^2\\&=\sum_{i=1}^{n}[(X_i-\overline{X}_1)+(X_{n+i}-\overline{X}_2)]^2\\&=\sum_{i=1}^{n}(X_i-\overline{X}_1)^2+\sum_{i=1}^{n}(X_{n+i}-\overline{X}_2)^2+2\sum_{i=1}^{n}(X_i-\overline{X}_1)(X_{n+i}-\overline{X}_2),\end{aligned}$$

由单正态总体抽样定理，有 $\frac{\sum_{i=1}^{n}(X_i-\overline{X}_1)^2}{\sigma^2}\sim\chi^2(n-1)$，$\frac{\sum_{i=1}^{n}(X_{n+i}-\overline{X}_2)^2}{\sigma^2}\sim\chi^2(n-1)$，

且 $X_i-\overline{X}_1, X_{n+i}-\overline{X}_2\sim N\left(0,\frac{n-1}{n}\sigma^2\right), i=1,2,\cdots,n,$

故 $E\left[\sum_{i=1}^{n}(X_i-\overline{X}_1)^2\right]=(n-1)\sigma^2=E\left[\sum_{i=1}^{n}(X_{n+i}-\overline{X}_2)^2\right]$，

且 $E[(X_i-\overline{X}_1)(X_{n+i}-\overline{X}_2)]=E(X_i-\overline{X}_1)E(X_{n+i}-\overline{X}_2)=0, i=1,2,\cdots,n$，故

$$\begin{aligned}E(Y)&=E\left[\sum_{i=1}^{n}(X_i-\overline{X}_1)^2\right]+E\left[\sum_{i=1}^{n}(X_{n+i}-\overline{X}_2)^2\right]+2E\left[\sum_{i=1}^{n}(X_i-\overline{X}_1)(X_{n+i}-\overline{X}_2)\right]\\&=(n-1)\sigma^2+(n-1)\sigma^2+0=2(n-1)\sigma^2.\end{aligned}$$

方法二 令 $Y_i=X_i+X_{n+i}, i=1,2,\cdots,n$，则 $Y_1,Y_2,\cdots,Y_n$ 相互独立，且 $Y_i\sim N(2\mu,2\sigma^2), i=1,2,\cdots,n.$

又 $\frac{1}{n}\sum_{i=1}^{n}Y_i=2\times\frac{1}{2n}\sum_{i=1}^{n}(X_i+X_{n+i})=2\overline{X}$，故

$$Y=\sum_{i=1}^{n}(X_i+X_{n+i}-2\overline{X})^2=\sum_{i=1}^{n}\left(Y_i-\frac{1}{n}\sum_{j=1}^{n}Y_j\right)^2,$$

于是 $E(Y)=E\left[\sum_{i=1}^{n}\left(Y_i-\frac{1}{n}\sum_{j=1}^{n}Y_j\right)^2\right]=(n-1)E\left[\frac{1}{n-1}\sum_{i=1}^{n}\left(Y_i-\frac{1}{n}\sum_{j=1}^{n}Y_j\right)^2\right]$

$=(n-1)\cdot 2\sigma^2=2(n-1)\sigma^2.$

6. 证明 因为 $X_1,X_2,\cdots,X_9$ 是来自正态总体 X 的简单随机样本，设 $X\sim N(\mu,\sigma^2)$，则

$\frac{X_i-\mu}{\sigma}\sim N(0,1)$，$Y_1=\frac{1}{6}(X_1+\cdots+X_6)\sim N\left(\mu,\frac{\sigma^2}{6}\right)$，$Y_2=\frac{1}{3}(X_7+X_8+X_9)\sim N\left(\mu,\frac{\sigma^2}{3}\right)$，

$$Y_1-Y_2\sim N\left(0,\frac{\sigma^2}{2}\right),\frac{\sqrt{2}(Y_1-Y_2)}{\sigma}\sim N(0,1),\frac{\sqrt{3}(Y_2-\mu)}{\sigma}\sim N(0,1),$$

又 $S_1^2=\frac{1}{2}\sum_{i=7}^{9}(X_i-Y_2)^2=\frac{1}{2}\sum_{i=7}^{9}[(X_i-\mu)-(Y_2-\mu)]^2$

$$=\frac{1}{2}\sum_{i=7}^{9}[(X_i-\mu)^2+(Y_2-\mu)^2-2(X_i-\mu)(Y_2-\mu)]$$

$$=\frac{\sigma^2}{2}\left\{\sum_{i=7}^{9}\left(\frac{X_i-\mu}{\sigma}\right)^2-\left[\frac{\sqrt{3}(Y_2-\mu)}{\sigma}\right]^2\right\},$$

故 $\frac{2S_1{}^2}{\sigma^2}\sim\chi^2(2)$,

所以 $\dfrac{\frac{\sqrt{2}(Y_1-Y_2)}{\sigma}}{\sqrt{\frac{2S_1^2}{\sigma^2}\Big/2}}=\frac{\sqrt{2}(Y_1-Y_2)}{S_1}=Z\sim t(2)$,即统计量 $Z=\frac{\sqrt{2}(Y_1-Y_2)}{S_1}$ 服从自由度为 2 的 t 分布.

7. 答案 因为 $X_1,X_2,\cdots,X_n(n>2)$ 为来自总体 $N(0,1)$ 的简单随机样本,所以

$E(X_i)=0,\ D(X_i)=1(i=1,2,\cdots,n),E(\overline{X})=0,D(\overline{X})=\frac{1}{n}$,

$E(Y_i)=E(X_i-\overline{X})=E(X_i)-E(\overline{X})=0$.

(1) $D(Y_i)=D(X_i-\overline{X})=D\left[\left(1-\frac{1}{n}\right)X_i-\frac{1}{n}\sum_{j\neq i}^{n}X_j\right]$

$$=\left(1-\frac{1}{n}\right)^2D(X_i)+\frac{1}{n^2}\sum_{j\neq i}^{n}D(X_j)$$

$$=\frac{(n-1)^2}{n^2}+\frac{1}{n^2}\cdot(n-1)=\frac{n-1}{n}.$$

(2) $\mathrm{Cov}(Y_1,Y_n)=E[(Y_1-EY_1)(Y_n-EY_n)]=E(Y_1Y_n)-E(Y_1)E(Y_n)$

$$=E[(X_1-\overline{X})(X_n-\overline{X})]-0=E(X_1X_n-X_1\overline{X}-X_n\overline{X}+\overline{X}^2)$$

$$=E(X_1X_n)-E\left(\frac{1}{n}X_1\sum_{i=1}^{n}X_i\right)-E\left(\frac{1}{n}X_n\sum_{i=1}^{n}X_i\right)+E(\overline{X}^2)$$

$$=0-\frac{1}{n}E(X_1^2)-\frac{1}{n}E(X_n^2)+D\overline{X}+(E\overline{X})^2$$

$$=-\frac{1}{n}-\frac{1}{n}+\frac{1}{n}=-\frac{1}{n}.$$

第七章　点估计

一、基础篇

1. 答案 B 【解析】总体的一阶矩为

$$\mu_1 = E(X) = \int_{-\infty}^{+\infty} x f(x) \mathrm{d}x = \int_0^1 x \cdot \theta (1-x)^{\theta-1} \mathrm{d}x = \frac{1}{\theta+1},$$

以一阶样本矩 $A_1 = \overline{X}$ 代替上式一阶总体矩 μ_1，得方程 $A_1 = \frac{1}{\theta+1}$，

从中解出 θ，得到 θ 的矩估计量为 $\hat{\theta} = \frac{1}{A_1} - 1 = \frac{1}{\overline{X}} - 1$.

故应选 B.

2. 答案 A 【解析】因为 X 的密度函数为 $f(x) = \frac{1}{\sqrt{2\pi}\sigma} \mathrm{e}^{-\frac{(x-\mu)^2}{2\sigma^2}}$，

所以似然函数为 $L(\mu,\sigma^2) = \prod_{i=1}^{n} \frac{1}{\sqrt{2\pi}\sigma} \mathrm{e}^{-\frac{(x_i-\mu)^2}{2\sigma^2}} = \left(\frac{1}{2\pi\sigma^2}\right)^{\frac{n}{2}} \mathrm{e}^{-\frac{1}{2\sigma^2}\sum_{i=1}^{n}(x_i-\mu)^2}$，

取对数 $\ln L(\mu,\sigma^2) = -\frac{n}{2}\ln 2\pi - \frac{n}{2}\ln\sigma^2 - \frac{1}{2\sigma^2}\sum_{i=1}^{n}(x_i-\mu)^2$，

由对数似然方程组 $\begin{cases} \frac{\partial \ln L}{\partial \mu} = \frac{1}{\sigma^2}\sum_{i=1}^{n}(x_i-\mu) = 0 \\ \frac{\partial \ln L}{\partial \sigma^2} = -\frac{n}{2\sigma^2} + \frac{1}{2\sigma^4}\sum_{i=1}^{n}(x_i-\mu)^2 = 0 \end{cases}$，

解得 $\begin{cases} \mu = \frac{1}{n}\sum_{i=1}^{n} x_i \\ \sigma^2 = \frac{1}{n}\sum_{i=1}^{n}(x_i-\bar{x})^2 \end{cases}$，

所以 μ 与 σ^2 的最大似然估计值为 $\begin{cases} \hat{\mu} = \bar{x} \\ \hat{\sigma}^2 = \frac{1}{n}\sum_{i=1}^{n}(x_i-\bar{x})^2 \end{cases}$.

故应选 A.

3. 答案 $\overline{X}^{-1}$ 【解析】因为总体一阶矩为 $E(X) = \sum_{i=1}^{+\infty} ip(1-p)^{i-1} = p^{-1}$，用样本矩去估计总体矩，即令 $\mu = p^{-1}$，所以 p 的矩估计量为 $\hat{p} = \mu^{-1} = \overline{X}^{-1}$.

4. 答案 $2\overline{X}$ 【解析】由于 $f(x)=\begin{cases}\frac{1}{\theta}, & 0\leqslant x\leqslant\theta\\ 0, & \text{其他}\end{cases}$,从而 $E(X)=\int_{-\infty}^{+\infty}xf(x)\mathrm{d}x=\int_0^{\theta}x\cdot\frac{1}{\theta}\mathrm{d}x=\frac{\theta}{2}$. 令 $E(X)=\overline{X}$,从而未知参数 θ 的矩法估计量为 $\hat{\theta}=2\overline{X}$.

5. 答案 $3\overline{X}$ 【解析】设 $X_1,X_2,\cdots,X_n$ 是来自 X 的一个样本,由已知总体 X 的一阶矩为

$$E(X)=\int_{-\infty}^{+\infty}xf(x;\theta)\mathrm{d}x=\int_0^{\theta}x\cdot\frac{2}{\theta^2}(\theta-x)\mathrm{d}x=\frac{\theta}{3},$$

令 $E(X)=\overline{X}$,可得 θ 的矩估计量为 $\hat{\theta}=3\overline{X}$.

6. 答案 $\frac{1}{\overline{X}}$ 【解析】设 $x_1,x_2,\cdots,x_n$ 取自总体 X 的一组样本观测值,则似然函数为

$$L=\prod_{k=1}^{n}P\{X_k=x_k\}=p^n(1-p)^{\sum\limits_{k=1}^{n}(x_k-1)},$$

取对数 $\ln L=n\ln p+\sum\limits_{k=1}^{n}(x_k-1)\cdot\ln(1-p)$,由对数似然方程,得

$$\frac{\mathrm{d}(\ln L)}{\mathrm{d}p}=\frac{n}{p}-\frac{\sum\limits_{k=1}^{n}(x_k-1)}{1-p}=0,$$

解得参数 p 的最大似然估计值为 $\hat{p}=\frac{1}{\frac{1}{n}\sum\limits_{k=1}^{n}X_k}$,最大似然估计量为 $\hat{p}=\frac{1}{\overline{X}}$.

7. 答案 总体 X 的一阶原点矩为

$$\mu_1=E(X)=1\times\theta^2+2\times(1-\theta-2\theta^2)+3\times(\theta^2+\theta)=2+\theta,$$

以一阶样本矩 $A_1=\overline{X}$ 代替上式一阶总体矩 μ_1,得方程 $A_1=2+\theta$,

从中解出 θ,得到 θ 的矩估计量为 $\hat{\theta}=A_1-2=\overline{X}-2$.

将样本值 2,3,2,1,3,1,2,3,3 代入上式,得 θ 的矩估计值为 $\hat{\theta}=\frac{2}{9}$.

8. 答案 总体均值 $E(X)=0\times\theta^2+1\times2\theta(1-\theta)+2\times\theta^2+3\times(1-2\theta)=3-4\theta$,

样本均值 $\bar{x}=\frac{1}{8}\times(3+1+3+0+3+1+2+3)=2$,

令 $E(X)=\bar{x}$,即 $3-4\theta=2$,解得 θ 的矩估计值为 $\hat{\theta}=\frac{1}{4}$.

对于给定的样本值,$X=0$(1 个),1(2 个),2(1 个),3(4 个),

似然函数为 $L(\theta)=4\theta^6(1-\theta)^2(1-2\theta)^4$,取对数有

$$\ln L(\theta)=\ln4+6\ln\theta+2\ln(1-\theta)+4\ln(1-2\theta),$$

令 $\frac{\mathrm{d}\ln L(\theta)}{\mathrm{d}\theta}=\frac{6}{\theta}-\frac{2}{1-\theta}-\frac{8}{1-2\theta}=\frac{6-28\theta+24\theta^2}{\theta(1-\theta)(1-2\theta)}=0$,

解得 $\theta_{1,2}=\frac{7\pm\sqrt{13}}{12}$,舍去 $\theta_1=\frac{7+\sqrt{13}}{12}>\frac{1}{2}$,故 θ 的极大似然估计值为 $\hat{\theta}=\frac{7-\sqrt{13}}{12}$.

9. 答案 总体的一阶矩为

$$\mu_1 = E(X) = \int_{-\infty}^{+\infty} x f(x;\theta)\mathrm{d}x = \int_0^1 x(\theta+2)x^{\theta+1}\mathrm{d}x = \frac{\theta+2}{\theta+3}x^{\theta+3}\Big|_0^1 = \frac{\theta+2}{\theta+3}.$$

以一阶样本矩 $A_1 = \overline{X}$ 代替上式一阶总体矩 μ_1，得方程 $A_1 = \dfrac{\theta+2}{\theta+3}$，

从中解出 θ，得到 θ 的矩估计量为 $\hat{\theta} = \dfrac{3A_1-2}{1-A_1} = \dfrac{3\overline{X}-2}{1-\overline{X}}$.

10. 答案 总体 X 的分布律 $P\{X=k\} = \dfrac{\lambda^k}{k!}\mathrm{e}^{-\lambda}, k=0,1,2,\cdots$，

似然函数为 $L(\lambda) = \prod\limits_{i=1}^{n}\dfrac{\lambda^{x_i}}{x_i!}\mathrm{e}^{-\lambda} = \dfrac{\lambda^{\sum\limits_{i=1}^{n}x_i}}{x_1!\cdot x_2!\cdot\cdots\cdot x_n!}\mathrm{e}^{-n\lambda}$，

$\ln L(\lambda) = \left(\sum\limits_{i=1}^{n}x_i\right)\ln\lambda - n\lambda - \ln(x_1!\cdot x_2!\cdot\cdots\cdot x_n!)$.

令 $\dfrac{\ln L(\lambda)}{\mathrm{d}\lambda} = \dfrac{1}{\lambda}\cdot\sum\limits_{i=1}^{n}x_i - n = 0$，解得 $\lambda = \dfrac{1}{n}\sum\limits_{i=1}^{n}x_i$，所以 λ 的最大似然估计量为

$$\hat{\lambda} = \frac{1}{n}\sum_{i=1}^{n}X_i = \overline{X}.$$

11. 答案 (1) 总体 X 的概率密度为 $f(x;\theta) = \begin{cases}\dfrac{2x}{\theta}\mathrm{e}^{-\frac{x^2}{\theta}}, & x\geqslant 0\\ 0, & x<0\end{cases}$，

$$E(X) = \int_0^{+\infty} x\cdot\frac{2x}{\theta}\mathrm{e}^{-\frac{x^2}{\theta}}\mathrm{d}x = -\int_0^{+\infty} x\,\mathrm{d}\mathrm{e}^{-\frac{x^2}{\theta}} = \int_0^{+\infty}\mathrm{e}^{-\frac{x^2}{\theta}}\mathrm{d}x = \frac{\sqrt{\pi\theta}}{2}\cdot\frac{1}{\sqrt{\pi\theta}}\int_{-\infty}^{+\infty}\mathrm{e}^{-\frac{x^2}{\theta}}\mathrm{d}x = \frac{\sqrt{\pi\theta}}{2}.$$

$$E(X^2) = \int_0^{+\infty} x^2\cdot\frac{2x}{\theta}\mathrm{e}^{-\frac{x^2}{\theta}}\mathrm{d}x = -\int_0^{+\infty} x^2\,\mathrm{d}\mathrm{e}^{-\frac{x^2}{\theta}} = \int_0^{+\infty} 2x\mathrm{e}^{-\frac{x^2}{\theta}}\mathrm{d}x = \theta.$$

(2) 设 $x_1,x_2,\cdots,x_n$ 为样本观测值，则似然函数为

$$L(\theta) = \prod_{i=1}^{n}f(x_i;\theta) = \begin{cases}\prod\limits_{i=1}^{n}\dfrac{2x_i}{\theta}\mathrm{e}^{-\frac{x_i^2}{\theta}}, & x_1,x_2,\cdots,x_n\geqslant 0\\ 0, & \text{其他}\end{cases}$$

$$= \begin{cases}\dfrac{2^n\prod\limits_{i=1}^{n}x_i}{\theta^n}\mathrm{e}^{-\frac{1}{\theta}\sum\limits_{i=1}^{n}x_i^2}, & x_1,x_2,\cdots,x_n\geqslant 0.\\ 0, & \text{其他}\end{cases}$$

当 $x_1,x_2,\cdots,x_n\geqslant 0$ 时，$\ln L(\theta) = n\ln 2 + \sum\limits_{i=1}^{n}\ln x_i - n\ln\theta - \dfrac{1}{\theta}\sum\limits_{i=1}^{n}x_i^2$.

令 $\dfrac{\mathrm{d}\ln L(\theta)}{\mathrm{d}\theta} = -\dfrac{n}{\theta} + \dfrac{1}{\theta^2}\sum\limits_{i=1}^{n}x_i^2 = 0$，得 θ 的最大似然估计值为 $\hat{\theta} = \dfrac{1}{n}\sum\limits_{i=1}^{n}x_i^2$，

从而 θ 的最大似然估计量为 $\hat{\theta} = \dfrac{1}{n}\sum\limits_{i=1}^{n}X_i^2$.

12. 答案 (1) $E(X)=\int_{\theta}^{1}xf(x,\theta)\mathrm{d}x=\int_{\theta}^{1}\frac{x}{1-\theta}\mathrm{d}x=\frac{1+\theta}{2}$,令 $E(X)=\overline{X}$, 即$\frac{1+\theta}{2}=\overline{X}$,解得 $\theta=2\overline{X}-1$,所以 θ 的矩估计量为 $\hat{\theta}_1=2\overline{X}-1$.

(2) 设 $x_1,x_2,\cdots,x_n$ 分别是样本 $X_1,X_2,\cdots,X_n$ 的一个样本值,则似然函数为

$$L(\theta)=\prod_{i=1}^{n}f(x_i;\theta)=\begin{cases}\prod\limits_{i=1}^{n}\frac{1}{1-\theta}, & \theta\leqslant x_1,x_2,\cdots,x_n\leqslant 1\\ 0, & \text{其他}\end{cases}$$

$$=\begin{cases}\frac{1}{(1-\theta)^n}, & \theta\leqslant x_1,x_2,\cdots,x_n\leqslant 1\\ 0, & \text{其他}\end{cases}.$$

当 $\theta\leqslant x_1,x_2,\cdots,x_n\leqslant 1$ 时,$\ln L(\theta)=-n\ln(1-\theta)$,

从而$\frac{\mathrm{d}\ln L(\theta)}{\mathrm{d}\theta}=\frac{n}{1-\theta}$,该函数关于 θ 单调增加,

所以 θ 的最大似然估计量为 $\hat{\theta}_2=\min\{X_1,X_2,\cdots,X_n\}$.

13. 答案 (1) $E(X)=\int_{0}^{+\infty}xf(x)\mathrm{d}x=\int_{0}^{+\infty}\lambda^2x^2\mathrm{e}^{-\lambda x}\mathrm{d}x=\frac{2}{\lambda}$,

令 $\overline{X}=E(X)$,即 $\overline{X}=\frac{2}{\lambda}$,得 λ 的矩估计量为 $\hat{\lambda}_1=\frac{2}{\overline{X}}$.

(2) 设 $x_1,x_2,\cdots,x_n$ 是相应于样本 $X_1,X_2,\cdots,X_n$ 的一个样本值,则似然函数为

$$L(\lambda)=\prod_{i=1}^{n}f(x_i)=\begin{cases}\prod\limits_{i=1}^{n}\lambda^2x_i\mathrm{e}^{-\lambda x_i}, & x_1,x_2,\cdots,x_n>0\\ 0, & \text{其他}\end{cases}$$

$$=\begin{cases}\lambda^{2n}\mathrm{e}^{-\lambda\sum\limits_{i=1}^{n}x_i}\prod\limits_{i=1}^{n}x_i, & x_1,x_2,\cdots,x_n>0\\ 0, & \text{其他}\end{cases}.$$

当 $x_1,x_2,\cdots,x_n>0$ 时,$\ln L(\lambda)=2n\ln\lambda-\lambda\sum\limits_{i=1}^{n}x_i+\sum\limits_{i=1}^{n}\ln x_i$,

令$\frac{\ln L(\lambda)}{\mathrm{d}\lambda}=\frac{2n}{\lambda}-\sum\limits_{i=1}^{n}x_i=0$,得 $\lambda=\frac{2n}{\sum\limits_{i=1}^{n}x_i}=\frac{2}{\bar{x}}$,

所以,参数 λ 的最大似然估计量为 $\hat{\lambda}=\frac{2}{\overline{X}}$.

14. 答案 (1) $E(X)=\int_{0}^{\theta}x\cdot\frac{6x}{\theta^3}(\theta-x)\mathrm{d}x=\frac{\theta}{2}$,由 $E(X)=\overline{X}$,即$\frac{\theta}{2}=\overline{X}$,得 $\theta=2\overline{X}$,

所以 θ 的矩估计量为 $\hat{\theta}=2\overline{X}$.

(2) 由于 $E(X^2)=\int_{0}^{\theta}x^2\cdot\frac{6x}{\theta^3}(\theta-x)\mathrm{d}x=\frac{3\theta^2}{10}$,$D(X)=E(X^2)-[E(X)]^2=\frac{3\theta^2}{10}-\frac{\theta^2}{4}=\frac{\theta^2}{20}$,

所以 $D(\hat{\theta}) = D\left(\dfrac{2\sum\limits_{i=1}^{n}X_i}{n}\right) = \dfrac{4nD(X)}{n^2} = \dfrac{\theta^2}{5n}$.

15. 答案 (1)$E(X) = \int_{-\infty}^{+\infty} xf(x)\mathrm{d}x = \int_{c}^{+\infty} \theta c^{\theta} x^{-\theta}\mathrm{d}x = \dfrac{\theta c^{\theta}}{\theta-1}c^{-\theta+1} = \dfrac{\theta c}{\theta-1}$，令$\dfrac{\theta c}{\theta-1} = \overline{X}$，得 $\theta = \dfrac{\overline{X}}{\overline{X}-c}$，矩估计量 $\hat{\theta} = \dfrac{\overline{X}}{\overline{X}-c}$.

似然函数

$$L(\theta) = \prod_{i=1}^{n} f(x_i) = \theta^n c^{n\theta}(x_1x_2\cdots x_n)^{-\theta+1},$$

$$\ln L(\theta) = n\ln(\theta) + n\theta\ln c + (1-\theta)\sum_{i=1}^{n}\ln x_i,$$

$$\frac{\mathrm{d}\ln L(\theta)}{\mathrm{d}\theta} = \frac{n}{\theta} + n\ln c - \sum_{i=1}^{n}\ln x_i = 0,$$

$\hat{\theta} = \dfrac{n}{\sum\limits_{i=1}^{n}\ln x_i - n\ln c}$(有唯一解，即为极大似然估计量).

(2)$E(X) = \int_{-\infty}^{+\infty} xf(x)\mathrm{d}x = \int_{0}^{1}\sqrt{\theta}x^{\sqrt{\theta}}\mathrm{d}x = \dfrac{\sqrt{\theta}}{\sqrt{\theta}+1}$，令$\dfrac{\sqrt{\theta}}{\sqrt{\theta}+1} = \overline{X}$，得 $\theta = (1-\overline{X})^2$，

似然函数

$$L(\theta) = \prod_{i=1}^{n} f(x_i) = \theta^{\frac{n}{2}}(x_1x_2\cdots x_n)^{\sqrt{\theta}-1},$$

$$\ln L(\theta) = \frac{n}{2}\ln(\theta) + (\sqrt{\theta}-1)\sum_{i=1}^{n}\ln x_i,$$

$$\frac{\mathrm{d}\ln L(\theta)}{\mathrm{d}\theta} = \frac{n}{2}\cdot\frac{1}{\theta} + \frac{1}{2\sqrt{\theta}}\sum_{i=1}^{n}\ln x_i = 0,$$

$\hat{\theta} = \left(\dfrac{n}{\sum\limits_{i=1}^{n}\ln x_i}\right)^2$，有唯一解，即为极大似然估计量.

(3)$E(X) = mp$，令 $mp = \overline{X}$，解得 $\hat{p} = \dfrac{\overline{X}}{m}$，

似然函数 $L(p) = \prod\limits_{i=1}^{n} P\{X = x_i\} = \mathrm{C}_{x_1}^{m}\cdot\cdots\cdot\mathrm{C}_{x_n}^{m}p^{\sum\limits_{i=1}^{n}x_i}(1-p)^{mn-\sum\limits_{i=1}^{n}x_i}$，

$$\frac{\mathrm{d}\ln L(p)}{\mathrm{d}p} = \frac{\sum\limits_{i=1}^{n}x_i}{p} - \frac{mn-\sum\limits_{i=1}^{n}x_i}{1-p} = 0,$$

解得 $p = \dfrac{\sum\limits_{i=2}^{n}x_i}{mn} = \dfrac{\overline{X}}{m}$，有唯一解，即为极大似然估计量.

16. 答案 总体 X 的一阶矩、二阶矩分别为

$$\mu_1 = E(X) = \mu,\ \mu_2 = E(X^2) = D(X) + [E(X)]^2 = \sigma^2 + \mu^2.$$

分别以一阶、二阶样本矩 A_1, A_2 代替上式中的 μ_1, μ_2，得方程组 $\begin{cases} A_1 = \mu \\ A_2 = \sigma^2 + \mu^2 \end{cases}$，

解上述方程组，得 μ 和 σ^2 的矩估计量分别为

$$\hat{\mu} = A_1 = \overline{X},\ \hat{\sigma}^2 = A_2 - A_1^2 = \frac{1}{n}\sum_{i=1}^{n}(X_i - \overline{X})^2 - \overline{X}^2.$$

17. 答案 (1) 将被估计的参数 a, b 分别表示为总体矩的函数，设 $E(X) = \mu,\ D(X) = \sigma^2$，则

$$E(X) = \mu = \frac{a+b}{2}, D(X) = \sigma^2 = \frac{(b-a)^2}{12},$$

建立关于 a, b 的方程组 $\begin{cases} a + b = 2\mu \\ b - a = 2\sqrt{3}\sigma \end{cases}$，

解得 $a = \mu - \sqrt{3}\sigma, b = \mu + \sqrt{3}\sigma$，因此 a 与 b 的矩估计值分别为 $\hat{a} = \hat{\mu} - \sqrt{3}\hat{\sigma},\ \hat{b} = \hat{\mu} + \sqrt{3}\hat{\sigma}$，

其中 $\hat{\mu} = \overline{X} = \frac{1}{n}\sum_{i=1}^{n}X_i, \hat{\sigma} = \sqrt{\frac{1}{n}\sum_{i=1}^{n}(X_i - \overline{X})^2}$.

(2) 记 $x_{(1)} = \min\{x_1, x_2, \cdots, x_n\}, x_{(n)} = \max\{x_1, x_2, \cdots, x_n\}$，由题设可知，总体 X 的密度函数为

$$f(x;a,b) = \begin{cases} \frac{1}{b-a}, & a \leqslant x \leqslant b \\ 0, & 其他 \end{cases},$$

因此似然函数为 $L(a,b) = \begin{cases} \frac{1}{(b-a)^n} & , a \leqslant x_i \leqslant b (i = 1, 2, \cdots, n) \\ 0, & 其他 \end{cases}$.

由似然方程组 $\frac{\partial \ln L(a,b)}{\partial a} = \frac{n}{(b-a)} = 0, \frac{\partial \ln L(a,b)}{\partial b} = -\frac{n}{(b-a)} = 0$，

求不出 a, b，故不能用解似然方程组的方法求出 a 和 b 的最大似然估计.

根据极大似然原理，可确定似然函数 $L(a,b)$ 的最大值点，由 $L(a,b)$ 的表示式可看出，要使 $L(a,b)$ 达到最大，只需 $b-a$ 尽量小，即要求 a 尽量大的同时 b 尽量小. 注意到 $a \leqslant x_{(1)}, b \geqslant x_{(n)}$，即当 $a = x_{(1)}, b = x_{(n)}$ 时，似然函数取到极大值，故 a, b 的最大似然估计值为

$$\hat{a} = x_{(1)} = \min\{x_1, x_2, \cdots, x_n\}, \hat{b} = x_{(n)} = \max\{x_1, x_2, \cdots, x_n\},$$

a, b 的最大似然估计量为

$$\hat{a} = X_{(1)} = \min\{X_1, X_2, \cdots, X_n\}, \hat{b} = X_{(n)} = \max\{X_1, X_2, \cdots, X_n\}.$$

18. 答案 由 X 的概率密度函数得关于样本 $X_1, X_2, \cdots, X_n$ 的似然函数为

$$L = L(x_1, x_2, \cdots, x_n; \theta) = \prod_{i=1}^{n} f(x_i; \theta) = \theta^n e^{-\theta\sum_{i=1}^{n}x_i},\ x_i \geqslant 0,$$

在上式两端取对数，得 $\ln L = n\ln\theta - \theta\sum_{i=1}^{n}x_i$，

对上式求导数并令其等于零，有$\dfrac{\mathrm{d}\ln L}{\mathrm{d}\theta}=\dfrac{n}{\theta}-\sum\limits_{i=1}^{n}x_i=0$，

解得 θ 的最大似然估计值为 $\hat{\theta}=\dfrac{1}{\frac{1}{n}\sum\limits_{i=1}^{n}x_i}=\dfrac{1}{\overline{X}}$，

由抽样数据求得 $\bar{x}=\dfrac{1}{n}\sum\limits_{i=1}^{n}x_i=1168$，故 $\hat{\theta}=\dfrac{1}{1168}\approx 0.00086$.

仅数学一考查内容

1. 答案 C 【解析】由于 $E(T)=E\left(a\sum\limits_{i=1}^{n}X_i+b\sum\limits_{j=1}^{m}Y_j\right)=a\sum\limits_{i=1}^{n}E(X_i)+b\sum\limits_{j=1}^{m}E(Y_j)$

$$=na\mu+mb\mu=\mu(na+mb),$$

$$D(T)=D\left(a\sum_{i=1}^{n}X_i+b\sum_{j=1}^{m}Y_j\right)=a^2\sum_{i=1}^{n}D(X_i)+b^2\sum_{j=1}^{m}D(Y_j)=na^2+4mb^2,$$

要使得 T 最有效，就是求 $na+mb=1$ 条件下，$D(T)$ 的最小值. 根据拉格朗日乘数法可求得 $a=\dfrac{4}{4n+m}$，$b=\dfrac{1}{4n+m}$，故应选 C.

2. 答案 C 【解析】根据辛钦大数定理，有$\dfrac{1}{n}\sum\limits_{i=1}^{n}X_i^2\xrightarrow{P}E(X^2)$，$\dfrac{1}{n}\sum\limits_{i=1}^{n}X_i\xrightarrow{P}E(X)$，所以

$$S^2=\frac{1}{n-1}\sum_{i=1}^{n}(X_i-\overline{X})^2=\frac{1}{n-1}\left(\sum_{i=1}^{n}X_i^2-n\overline{X}^2\right)\xrightarrow{P}E(X^2)-E^2(X)=\sigma^2,$$

$$S=\sqrt{S^2}\xrightarrow{P}\sqrt{\sigma^2}=\sigma,$$

因此，S 是 σ 的一致估计量.

3. 答案 A 【解析】由于总体 $X\sim N(\mu,\sigma^2)$，σ^2 已知，则总体均值 μ 的置信水平为 $1-\alpha$ 的置信区间为

$$\left(\overline{X}-\frac{\sigma}{\sqrt{n}}z_{\frac{\alpha}{2}},\overline{X}+\frac{\sigma}{\sqrt{n}}z_{\frac{\alpha}{2}}\right),$$

即置信区间长度 $L=\dfrac{2\sigma}{\sqrt{n}}z_{\frac{\alpha}{2}}$，因此当 $1-\alpha$ 缩小时，L 缩短. 因此，应选 A.

4. 答案 C 【解析】由于总体 $X\sim N(\mu,\sigma^2)$，σ^2 已知，则总体均值 μ 的置信水平为 $1-\alpha$ 的置信区间为

$$\left(\overline{X}-\frac{\sigma}{\sqrt{n}}z_{\frac{\alpha}{2}},\overline{X}+\frac{\sigma}{\sqrt{n}}z_{\frac{\alpha}{2}}\right),$$

即置信区间长度 $L=\dfrac{2\sigma}{\sqrt{n}}z_{\frac{\alpha}{2}}$，要使得总体均值 μ 的置信度为 $1-\alpha$ 的置信区间的长度不大于 L，

那么 $n \geqslant \left[4\dfrac{(z_{\frac{\alpha}{2}}\sigma)^2}{L^2}\right]$,故应选 C.

5. 答案 B 【解析】总体 $X \sim N(\mu,\sigma^2)$,σ^2 已知,未知参数 μ 的置信水平为 α 的置信区间为

$$\left(\overline{X}-\frac{\sigma}{\sqrt{n}}\cdot z_{\frac{\alpha}{2}},\overline{X}+\frac{\sigma}{\sqrt{n}}\cdot z_{\frac{\alpha}{2}}\right),$$

而 $z_{\frac{\alpha}{2}}=z_{0.025}=1.96$,从而 μ 的置信水平为 0.95 的置信区间是

$$\left(\overline{X}-1.96\times\frac{\sigma}{\sqrt{n}},\overline{X}+1.96\times\frac{\sigma}{\sqrt{n}}\right),$$

故应选 B.

6. 答案 A 【解析】由总体 $X \sim N(\mu,\sigma^2)$,σ^2 已知,未知参数 μ 置信区间为 $\left(\overline{X}-z_{0.025}\times\dfrac{\sigma}{\sqrt{n}},\overline{X}+z_{0.025}\times\dfrac{\sigma}{\sqrt{n}}\right)$,可知 $\dfrac{\alpha}{2}=0.025$,所以 $\alpha=0.05$,$1-\alpha=0.95$.

7. 答案 B 【解析】因为总体 $X \sim N(\mu,\sigma^2)$,而 μ,σ^2 为未知参数,关于 μ 的置信水平为 $1-\alpha$ 的置信区间 $\left(\overline{X}-t_{\frac{\alpha}{2}}(n-1)\times\dfrac{S}{\sqrt{n}},\overline{X}+t_{\frac{\alpha}{2}}(n-1)\times\dfrac{S}{\sqrt{n}}\right)$,又 $S^2=\dfrac{1}{n-1}\sum\limits_{i=1}^{n}(X_i-\overline{X})^2=\dfrac{n}{n-1}S_n^2$,从而 μ 的置信水平为 $1-\alpha$ 的置信区间是 $\left(\overline{X}-t_{\frac{\alpha}{2}}(n-1)\times\dfrac{S_n}{\sqrt{n-1}},\overline{X}+t_{\frac{\alpha}{2}}(n-1)\times\dfrac{S_n}{\sqrt{n-1}}\right)$. 故应选 B.

8. 答案 C 【解析】由于 μ,σ^2 均未知,故选取函数 $T=\dfrac{\sqrt{n}(\overline{X}-\mu)}{S}\sim t(n-1)$,则 μ 的置信度为 0.90 的置信区间是

$$\left(\bar{x}-\frac{1}{\sqrt{n}}t_{\frac{\alpha}{2}}(n-1),\bar{x}+\frac{1}{\sqrt{n}}t_{\frac{\alpha}{2}}(n-1)\right),$$

即 $\left(20-\dfrac{1}{4}t_{0.05}(15),20+\dfrac{1}{4}t_{0.05}(15)\right)$. 故应选 C.

9. 答案 B 【解析】因为 $\dfrac{X_i-\mu_0}{\sigma}\sim N(0,1)$,所以 $\left(\dfrac{X_i-\mu_0}{\sigma}\right)^2\sim\chi^2(1)$,进而 $\sum\limits_{i=1}^{n}\left(\dfrac{X_i-\mu}{\sigma}\right)^2\sim\chi^2(n)$. 由已知条件知 σ^2 的置信水平为 $1-\alpha$ 的置信区间为

$$\left(\frac{1}{\chi^2_{1-\alpha/2}(n)}\sum_{i=1}^{n}(X_i-\mu_0)^2,\frac{1}{\chi^2_{\alpha/2}(n)}\sum_{i=1}^{n}(X_i-\mu_0)^2\right),$$

因此,应选 B.

10. 答案 (2.96474,3.13526) 【解析】置信水平 $1-\alpha=0.95$,$\alpha=0.05$,$n=16$,得 $t_{\frac{\alpha}{2}}(n-1)=t_{0.025}(15)=2.1314$. 又由题设可知 $n=16$,$\bar{x}=3.05$,$s=0.16$. 于是

$$\bar{x}-t_{\frac{\alpha}{2}}(n-1)\cdot\frac{s}{\sqrt{n}}=3.05-2.1314\times\frac{0.16}{\sqrt{16}}\approx2.96474,$$

$$\bar{x}+t_{\frac{\alpha}{2}}(n-1)\cdot\frac{s}{\sqrt{n}}=3.05+2.1314\times\frac{0.16}{\sqrt{16}}\approx3.13526,$$

因此，μ 的置信水平为 0.95 的置信区间为(2.96474,3.13526).

11. 证明 由泊松分布的性质可知：$X \sim p(\lambda)$，$E(X)=\lambda$，$D(X)=\lambda$.

(1) 因为 $X_1,X_2,\cdots,X_n$ 相互独立，且 $E(X_i)=E(X)=\lambda$，$D(X_i)=D(X)=\lambda$，$i=1,2,\cdots,n$，所以

$$E(\overline{X})=E\left(\frac{1}{n}\sum_{i=1}^{n}X_i\right)=\frac{1}{n}\sum_{i=1}^{n}E(X_i)=\frac{1}{n}\cdot n\lambda=\lambda,$$

$$D(\overline{X})=D\left(\frac{1}{n}\sum_{i=1}^{n}X_i\right)=\frac{1}{n^2}\sum_{i=1}^{n}D(X_i)=\frac{1}{n^2}\cdot n\lambda=\frac{\lambda}{n}.$$

由 $D(X)$ 与 $E(X)$ 的关系式 $D(X)=E(X^2)-[E(X)]^2$ 可知，$E(\overline{X}^2)=D(\overline{X})+E^2(\overline{X})=\frac{\lambda}{n}+\lambda^2\neq\lambda$，

所以根据无偏估计的定义可知，$\overline{X}$ 为 λ 的无偏估计，而 $\overline{X}^2$ 不是 λ^2 的无偏估计.

(2) 因为 $\frac{1}{n}\sum_{i=1}^{n}X_i(X_i-1)=\frac{1}{n}\sum_{i=1}^{n}X_i^2-\frac{1}{n}\sum_{i=1}^{n}X_i=\frac{1}{n}\sum_{i=1}^{n}X_i^2-\overline{X}$，所以

$$E\left[\frac{1}{n}\sum_{i=1}^{n}X_i(X_i-1)\right]=E\left(\frac{1}{n}\sum_{i=1}^{n}X_i^2-\overline{X}\right)$$

$$=\frac{1}{n}\sum_{i=1}^{n}[DX_i+E^2(X_i)]-E\overline{X}=\lambda^2,$$

故样本函数 $\frac{1}{n}\sum_{i=1}^{n}X_i(X_i-1)$ 是 λ^2 的无偏估计.

12. 证明 根据正态分布的性质可知，$E(X_i)=E(X)=\mu$，$i=1,2,3$，从而有

$$E(\hat{\mu}_1)=E\left(\frac{X_1}{2}+\frac{X_2}{3}+\frac{X_3}{6}\right)=\frac{1}{2}E(X_1)+\frac{1}{3}E(X_2)+\frac{1}{6}E(X_3)=\mu,$$

$$E(\hat{\mu}_2)=E\left(\frac{X_1}{2}+\frac{X_2}{4}+\frac{X_3}{4}\right)=\frac{1}{2}E(X_1)+\frac{1}{4}E(X_2)+\frac{1}{4}E(X_3)=\mu,$$

$$E(\hat{\mu}_3)=E\left(\frac{X_1}{3}+\frac{X_2}{3}+\frac{X_3}{3}\right)=\frac{1}{3}E(X_1)+\frac{1}{3}E(X_2)+\frac{1}{3}E(X_3)=\mu,$$

故 $E(\hat{\mu}_1)$，$E(\hat{\mu}_2)$，$E(\hat{\mu}_3)$ 都是总体均值 μ 的无偏估计量.

因为样本 X_1,X_2,X_3 是相互独立的，且根据正态分布总体的性质可知，

$$D(X_i)=D(X)=\sigma^2,\ i=1,2,3,$$

所以 $D(\hat{\mu}_1)=D\left(\frac{X_1}{2}+\frac{X_2}{3}+\frac{X_3}{6}\right)=\frac{1}{4}D(X_1)+\frac{1}{9}D(X_2)+\frac{1}{36}D(X_3)=\frac{7}{18}\sigma^2$，

$D(\hat{\mu}_2)=D\left(\frac{X_1}{2}+\frac{X_2}{4}+\frac{X_3}{4}\right)=\frac{1}{4}E(X_1)+\frac{1}{16}[E(X_2)+E(X_3)]=\frac{3}{8}\sigma^2$，

$D(\hat{\mu}_3)=D\left(\frac{X_1}{3}+\frac{X_2}{3}+\frac{X_3}{3}\right)=\frac{1}{9}E(X_1)+\frac{1}{9}[E(X_2)+E(X_3)]=\frac{1}{3}\sigma^2$，

即 $D(\hat{\mu}_3)=\frac{1}{3}\sigma^2<D(\hat{\mu}_2)=\frac{3}{8}\sigma^2<\frac{7}{18}\sigma^2=D(\hat{\mu}_1)$，因此，估计量 $D(\hat{\mu}_3)$ 更有效.

13. 答案 对于给定的置信水平为 $1-\alpha=0.95$，有 $\alpha=0.05$，$n=100$，得 $z_{\frac{\alpha}{2}}=z_{0.025}=1.96$，由已知条件，得

$$\bar{x}-\frac{\sigma}{\sqrt{n}}z_{\frac{\alpha}{2}}=80-\frac{12}{\sqrt{100}}\times1.96\approx77.65,$$

$$\bar{x}+\frac{\sigma}{\sqrt{n}}z_{\frac{\alpha}{2}}=80+\frac{12}{\sqrt{100}}\times1.96\approx82.35,$$

因此该地游客的平均消费额 μ 的置信水平为 0.95 的置信区间为(77.65，82.35)，即在已知 $\sigma=12$ 情形下，以 95% 的置信度认为每个游客的平均消费额在 77.65 元至 82.35 元之间.

14. 答案 根据实际情况，可认为来自不同正态总体的两个样本是相互独立的，已知两个总体的方差相等且未知. 由题意得 $1-\alpha=0.95$，$\alpha=0.05$，$n_1=10$，$n_2=10$，得 $t_{\frac{\alpha}{2}}(n_1+n_2-2)=t_{0.025}(18)=2.1009$. 由样本观测值计算得 $\bar{x}=600$，$\bar{y}=570$，$s_1^2=\frac{6400}{9}$，$s_2^2=\frac{2400}{9}$. 于是

$$(\bar{x}-\bar{y})-t_{\frac{\alpha}{2}}(n_1+n_2-2)s_w\sqrt{\frac{1}{n_1}+\frac{1}{n_2}}=(600-570)-2.1009\times\sqrt{\frac{4400}{9}}\times\sqrt{\frac{1}{10}+\frac{1}{10}}\approx9.22574,$$

$$(\bar{x}-\bar{y})+t_{\frac{\alpha}{2}}(n_1+n_2-2)s_w\sqrt{\frac{1}{n_1}+\frac{1}{n_2}}=(600-570)+2.1009\times\sqrt{\frac{4400}{9}}\times\sqrt{\frac{1}{10}+\frac{1}{10}}\approx50.77426,$$

因此所求 $\mu_1-\mu_2$ 的置信水平为 0.95 的置信区间为(9.22574，50.77426).

15. 答案 由题意得，$n_1=21$，$n_2=26$，$1-\alpha=0.95$，$s_1^2=260$，$s_2^2=280$.

$$F_{\frac{\alpha}{2}}(n_1-1,n_2-1)=F_{0.025}(20,25)=2.30,$$

$$F_{1-\frac{\alpha}{2}}(n_1-1,n_2-1)=F_{0.975}(20,25)=\frac{1}{F_{0.025}(25,20)}=\frac{1}{2.40},$$

所以 $\frac{\sigma_1^2}{\sigma_2^2}$ 的置信水平为 0.95 的置信区间为

$$\left(\frac{1}{F_{\frac{\alpha}{2}}(n_1-1,n_2-1)}\cdot\frac{s_1^2}{s_2^2},\frac{1}{F_{1-\frac{\alpha}{2}}(n_1-1,n_2-1)}\cdot\frac{s_1^2}{s_2^2}\right)=(0.40373,2.2286),$$

两个正态总体方差比的置信区间的意义是：若 $\frac{\sigma_1^2}{\sigma_2^2}$ 的置信下限大于 1，则可认为 $\sigma_1^2>\sigma_2^2$；若 $\frac{\sigma_1^2}{\sigma_2^2}$ 的置信上限小于 1，则可认为 $\sigma_1^2<\sigma_2^2$；若 $\frac{\sigma_1^2}{\sigma_2^2}$ 的置信区间包含 1，则可认为 σ_1^2 与 σ_2^2 没有显著差异.

本例的结果表明，男、女大学生生活费支出的方差没有显著差异.

第八章　假设检验（数学一）

一、基础篇

1. 答案 B　【解析】根据假设检验的基本原理可知，若增大样本容量，则犯两类错误的概率都将减少，故应选 B.

2. 答案 C　【解析】由于假设检验的推理方法是建立在实际推断原理基础上的，对原假设 H_0 是否成立所做出的判断并不是绝对正确的，有可能犯下述两类错误：一类错误称为“弃真”，是指当原假设 H_0 客观上为真时，却做出了拒绝 H_0 的决策，即犯了“以真为假”的错误，称之为第一类错误，将犯第一类错误的概率记为 α；另一类错误称为“取伪”，是指当原假设 H_0 实际上不真时，却做出了接受 H_0 的决策，即犯了“以假为真”的错误，称之为第二类错误，将犯第二类错误的概率记为 β，故应选 C.

3. 答案 A　【解析】显著性水平 α 越小，接受域的范围就越大，也就是在显著水平 $\alpha=0.01$ 下的接受域，包含在 $\alpha=0.05$ 下的接受域内. 如果在显著水平 $\alpha=0.05$ 下接受 $H_0:\mu=\mu_0$，也就是检验统计量的观测值落在接受域内，那么此观测值也一定落在 $\alpha=0.01$ 的接受域内，故此时接受 H_0，故应选 A.

4. 答案 A　【解析】根据假设检验中显著水平 α 的定义，$\alpha=P\{拒绝\ H_0 \mid H_0\ 为真\}$，可知 $1-\alpha=P\{接受\ H_0 \mid H_0\ 为真\}$，因此应选 A. 而 B,C,D 三项分别反映的是条件概率 $P\{拒绝\ H_0 \mid H_0\ 不真\}$，$P\{H_0\ 为真 \mid 接受\ H_0\}$，$P\{H_0\ 不真 \mid 拒绝\ H_0\}$，由假设检验中犯两类错误的概率之间的关系知，这些条件概率一般不能由 α 所唯一确定，故 B,C,D 三项不正确.

5. 答案 $\frac{2}{3}$，$\frac{1}{9}$　【解析】根据假设检验两类错误的意义可知

$$\alpha=P\left\{X_1\geqslant\frac{2}{3}\,\middle|\,H_0\right\}=\int_{\frac{2}{3}}^{2}\frac{1}{2}\mathrm{d}x=\frac{2}{3},$$

$$\beta=P\left\{X_1<\frac{2}{3}\,\middle|\,H_1\right\}=\int_{0}^{\frac{2}{3}}\frac{x}{2}\mathrm{d}x=\frac{1}{9}.$$

6. 答案 15，接受　【解析】$H_0:\sigma^2\leqslant 0.06$，$H_1:\sigma^2>0.06$. 在 H_0 成立的条件下，选取统计量

$$\chi^2=\frac{(n-1)S^2}{\sigma^2}=\frac{(n-1)S^2}{\sigma_0^2}=\frac{(n-1)S^2}{0.06},$$

在 $\alpha=0.025$ 下，拒绝域 $W=\{\chi^2 \mid \chi^2\geqslant\chi^2_{0.025}(9)=19.203\}$，将 $s^2=0.10$，$n=10$ 代入得

$$\chi^2=\frac{(n-1)S^2}{\sigma^2}=\frac{(n-1)S^2}{\sigma_0^2}=\frac{9\times 0.10}{0.06}=15<19.023,$$

故接受 H_0.

7. 答案 设 $H_0:\mu=1\ 600, H_1:\mu\neq 1\ 600$.

若 H_0 是正确的，即样本$(X_1,X_2,\cdots,X_{25})$来自正态总体 $N(1\ 600,150^2)$，则$\frac{\overline{X}-1\ 600}{150/\sqrt{25}}\sim N(0,1)$，

选取统计量 $Z=\frac{\overline{X}-\mu_0}{\sigma/\sqrt{n}}$. 对于给定的 $\alpha=0.05$，可确定 $z_{\alpha/2}=1.96$，其中 $z_{\alpha/2}$ 满足

$$P\{|Z|\geqslant z_{\alpha/2}\}=\alpha,$$

而统计量的观测值 $|z|=\left|\frac{1\ 636-1\ 600}{150/\sqrt{25}}\right|=1.2<1.96$.

由 Z 统计量检验法知，在显著性水平 $\alpha=0.05$ 下，可认为这批灯泡的平均寿命等于1600小时.

8. 答案 总体 $X\sim N(\mu,40\ 000)$，根据题意可采用单侧 Z 检验. 检验假设

$H_0:\mu\leqslant\mu_0=1\ 500, H_1:\mu>1\ 500$.

已知 $n=25$，在 H_0 成立的前提下，选取检验统计量 $Z=\frac{\overline{X}-\mu_0}{\sigma/\sqrt{n}}\sim N(0,1)$.

对于显著水平 $\alpha=0.05, z_\alpha=1.645$，原假设的拒绝域为$\{z\geqslant z_\alpha\}=\{z\geqslant 1.645\}$.

由 $\bar{x}=1\ 575$ 计算 Z 的观测值 $z=\frac{\bar{x}-\mu_0}{\sigma/\sqrt{n}}=\frac{1\ 575-1\ 500}{200/\sqrt{25}}=1.875$.

由于 $z=1.875>z_\alpha=1.645$，从而否定原假设 H_0，接受备择假设 H_1，即认为新工艺事实上提高了灯管的平均寿命.

9. 答案 这是一个双边检验. 依题意需进行检验假设

$$H_0:\sigma^2=\sigma_0=5\ 000, H_1:\sigma^2\neq 5\ 000.$$

已知 $n=26$，μ 未知，选择检验统计量 $\chi^2=\frac{n-1}{\sigma_0^2}S^2\sim\chi^2(n-1)$.

对于显著水平 $\alpha=0.02, \chi^2_{0.99}(25)=11.5240, \chi^2_{0.01}(25)=44.3141$.

由观察值 $s^2=9200$ 得 $\chi^2=\frac{(n-1)s^2}{\sigma_0^2}=46>44.3141$，

观察值 χ^2 落在拒绝域内，故拒绝 H_0，认为这批电池寿命的波动性较以往有显著的变化.

10. 答案 X 表示食盐的袋装质量总体，以 μ 和 σ 分别表示其均值和方差，则 $X\sim N(\mu,\sigma^2)$.

设 $H_0:\sigma\leqslant 0.02, H_1:\sigma>0.02$，

因为 μ 和 σ 未知，所以选用 χ^2 检验法. 取统计量为 $\chi^2=\frac{(n-1)S^2}{{\sigma_0}^2}\sim\chi^2(n-1)$，

在 $\sigma \leqslant 0.02$ 下，有 $P\{\chi^2 > \chi_\alpha^2(n-1)\} \leqslant \alpha$.

对给定的 $\alpha = 0.05, n = 9$，可确定 $\chi_\alpha^2(n-1) = 15.507$.

统计量 χ^2 的观测值为 $\chi^2 = \dfrac{8 \times (0.032)^2}{(0.02)^2} \approx 20.48 > \chi_\alpha^2(n-1) = 15.507$，

由 χ^2 检验法，应拒绝原假设，即在显著性水平 $\alpha = 0.05$ 下，认为当日机器的工作不正常.

11. 答案 设服用甲药后延长的睡眠时间 $X \sim N(\mu_1, \sigma_1^2)$，服用乙药后延长的睡眠时间 $Y \sim N(\mu_2, \sigma_2^2)$，其中 $\mu_1, \mu_2, \sigma_1^2, \sigma_2^2$ 均为未知. 这里需要检验的是 $\mu_1 = \mu_2$，但是两个总体的方差是否相等未知，因此需要先进行检验假设，

$$H_0: \sigma_1^2 = \sigma_2^2,\ H_1: \sigma_1^2 \neq \sigma_2^2.$$

选取检验统计量 $F = \dfrac{S_1^2}{S_2^2} \sim F(n_1 - 1, n_2 - 1)$.

对显著性水平 $\alpha = 0.05, n_1 = 10, n_2 = 10$，得

$F_{\frac{\alpha}{2}}(n_1 - 1, n_2 - 1) = F_{0.025}(9,9) = 4.03$，

$F_{1-\frac{\alpha}{2}}(n_1 - 1, n_2 - 1) = F_{0.975}(9,9) = \dfrac{1}{F_{0.025}(9,9)} = \dfrac{1}{4.03} \approx 0.2481$.

又因为 $F = \dfrac{s_1^2}{s_2^2} = \dfrac{4.01}{3.2} \approx 1.2531$. 由于 $0.2481 < F = 1.2531 < 4.03$，故接受假设 H_0，即认为 $\sigma_1^2 = \sigma_2^2$.

再检验假设 $H'_0: \mu_1 = \mu_2, H'_1: \mu_1 \neq \mu_2$.

选取检验统计量为 $T = \dfrac{\overline{X} - \overline{Y}}{S_w \sqrt{\dfrac{1}{n_1} + \dfrac{1}{n_2}}} \sim t(n_1 + n_2 - 2)$，

由 $\alpha = 0.05, n_1 = 10, n_2 = 10$，得 $t_{\frac{\alpha}{2}}(n_1 + n_2 - 2) = t_{0.025}(18) = 2.1009$.

由样本观察值可求得 $|t| = \dfrac{|\bar{x} - \bar{y}|}{S_w \sqrt{\dfrac{1}{n_1} + \dfrac{1}{n_2}}} = \dfrac{|2.33 - 0.75|}{1.899\sqrt{\dfrac{1}{10} + \dfrac{1}{10}}} = 1.8604$.

因为 $|1.86| < 2.1009 = t_{0.025}(18)$，故接受原假设 H'_0，即认为两种药的疗效无显著差异，两种药物延长睡眠的平均时间上的差异可以认为由随机因素引起，而不是系统的偏差.